AIDevOps

智能微服务开发、运维原理与实践

吴文峻 张文博 王德庆 任健 张奎 周长兵 蒲彦均
于笑明 于鑫 汪群博 梁堉 刘雪虹 陈睿博　　著

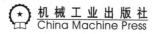

机械工业出版社
China Machine Press

图书在版编目（CIP）数据

AIDevOps：智能微服务开发、运维原理与实践 / 吴文峻等著 . —北京：机械工业出版社，
2022.8
ISBN 978-7-111-70865-0

I. ① A⋯　II. ①吴⋯　III. ①互联网络 - 网络服务　IV. ① TP393.4

中国版本图书馆 CIP 数据核字（2022）第 088053 号

AIDevOps：智能微服务开发、运维原理与实践

出版发行：机械工业出版社（北京市西城区百万庄大街 22 号　邮政编码：100037）

责任编辑：佘 洁　　　　　　　　　　　　　　责任校对：潘 蕊 李 婷

印　　刷：三河市宏达印刷有限公司　　　　　版　　次：2022 年 10 月第 1 版第 1 次印刷

开　　本：186mm×240mm　1/16　　　　　　印　　张：16.25

书　　号：ISBN 978-7-111-70865-0　　　　　定　　价：99.00 元

客服电话：（010）88361066　68326294

今天，人类社会正在进入一个"人–机–物"三元融合、万物智能互联的智能泛在计算新时代，软件形态发生了重大变化。由大量局部自治软件系统相互耦合关联形成的复杂软件系统正在成为支撑未来超大规模智能化社会运转的新型基础设施，如何调控此类系统的复杂性面临重大挑战。

新的时代和新的软件形态呼唤新的开发范式。经典的软件开发工程范式遵循"自上而下、逐步求精"的"还原论"思想，在过去 50 多年实践中取得了巨大成功，但也面临无法适应未来智能泛在时代软件持续快速变化的挑战；开源范式则遵循"自下而上、关联演化"的自然选择思想，在过去 20 多年的开源运动中得到成功实践，但开源协同过程的不确定性导致难以对结果给出确定性承诺。

我们提出融合工程范式与开源范式的群智范式，坚持"宏观演化、局部求精"的核心理念，试图实现多样性、确定性和平衡，为新时代的新形态软件开发提供新的途径。微服务将复杂的单体软件分解为可以独立开发、部署和维护的细粒度服务模块，并基于这些模块交互组合成为完整系统，为调控复杂软件系统的复杂性和适应性、支撑群智范式快速迭代和持续演化提供了重要的技术途径。

微服务自提出至今，逐步从具体实践演化成为广泛应用的软件工具和环境，能够更好地适应持续集成、持续部署的开发运维一体化新模式的需要，在基于云平台的软件开发实践过程中体现了其强大的生命力和适应性。它不但推动了从传统的单体软件架构到细粒度微服务体系的重构，而且其应用范围不断扩展，从云到端、从边缘硬件到计算中心、从一般的信息系统拓展到复杂智能软件系统。

随着现实世界应用需求的快速发展，由大量微服务形成的大规模复杂智能软件系统包含了复杂耦合关联，如何有效治理汇集成千上万多样化微服务的系统，我们需要从社会–技术生态系统的角度来重新审视，直面这些复杂软件系统的构造部署、运行维护、演化保障面临的一系列现实挑战，以类似社会群体智能系统形成、成长和演进的思想来认识其开发过程，实现高度智能化的复杂服务适配。

本书正是遵循上述思想，从人工智能赋能微服务治理的角度出发，将人工智能技术和微服务平台治理技术相结合，提出了面向用户需求和系统运维质量的智能微服务回路模型，并给出了智能化微服务治理模式和平台框架，通过综合需求智能获取、功能组合关联和运行调控适应等技术手段，驱动微服务系统在功能和性能等方面逐步涌现出整体适配的态势，进而推动这种适配态势不断适应社会和物理环境变化，实现系统的成长性构造和适应性演化。

　　本书作者长期从事软件工程和智能化方法的理论研究和实践工作，尤其是持续开展了群体智能与群体软件工程、强化学习与智能决策、云计算基础软件方向的前沿研究，近年来承担了智能服务适配的国家重点研发任务，为本书的撰写积累了丰富的技术素材和实践经验。

　　本书内容翔实，产研并重，对具体从事微服务架构设计及有意往智能化微服务方向发展的从业人员及相关研究人员都有很好的参考价值。我相信，本书对于推进人工智能和微服务平台治理相关研究具有重要的理论和实践价值。

中国科学院院士　王怀民

前 言 *Preface*

为什么要写这本书

随着 RESTful 和微服务等新服务技术不断涌现，服务软件已经从简单同构系统发展为环境开放、场景跨域、业务复杂的服务生态。例如 Netflix 的在线服务系统每天涉及 50 亿次服务调用，其中 90% 以上都是涉及微服务的内部调用；而 Amazon.com 每次页面构建需要进行 100～150 次微服务调用来实现。微服务的动态特性使情况进一步复杂化。一个微服务可以有几个到数千个物理实例，并运行在不同容器上由服务发现组件进行管理。针对新的服务适配要求，传统服务理论和技术已经难以实现海量异构服务之间的精准匹配、动态组合和耦合集成，需要研究智能服务适配理论和方法。

AIDevOps 利用人工智能技术实现复杂服务软件的智能适配，解决了异构服务的智能匹配问题，以及服务演化和运行时的质量保障问题。在服务分析和设计方面，由于异构服务描述不精确、不一致，需要实现服务供需的精准匹配、按需组合、适应优化，从而保障服务适配的正确性。在服务版本演化和动态运行方面，由于服务版本众多、更新频繁、适配态势不断变化，需要及时感知态势、准确评估效能、自主可靠管理、保障服务适配质量。

我们希望通过本书系统地总结对智能服务适配理论和技术研究的思考与探索，为本领域的研究进展指出后续努力的方向。同时，我们也希望通过本书能够与有兴趣从事人工智能和服务计算领域交叉研究的科研工作者和企业技术人员分享相关的研发思路和经验，为正在学习本领域相关知识和工具的高校学生提供有价值的参考资料。

本书特色

目前，与微服务相关的大部分书籍偏重于介绍微服务的核心理念、基本架构、设计模式和开源工具等，旨在帮助人们掌握微服务开发和运维工具的使用方法，而对微服务技术相关的理论和算法研究较少涉及。同时，与智能运维相关的书籍则主要关注分布式系统的 IT 运维方法，侧重于基础设施和底层系统的可靠性管理和质量保障，对于面向应用层面微服务的智能运维讨论不多。

本书的基本写作思路是全面分析微服务开发和运维的核心问题，即复杂开放环境下海量异构微服务适配的挑战,并基于人工智能的最新研究成果,深入阐述智能微服务适配的理论模型、主要算法和相关开源工具,希望以理论联系实践的方式,帮助读者了解这个领域的总体面貌,并启发读者结合自己的研究和工作需要,深入地掌握和运用智能微服务适配的理论和方法。

本书介绍的研究工作主要针对"异构服务的智能匹配"和"服务演化和运行时的质量保障"两大科学问题:首先,讨论如何把不同来源、不同语义的服务,通过智能匹配,实现符合用户需求的服务功能;其次,讨论如何在服务运行状态下,实时感知服务运行的状况,智能化、适应性地实现微服务适配的动态决策,优化微服务适配性能,保障微服务适配的质量。

这两个科学问题实际上分别对应着微服务开发运维全周期的不同阶段,所需要的人工智能方法也往往明显不同。在这些阶段中,需要有机地结合相应的软件工具和人工智能模型,形成智能化微服务适配环境,支撑整个微服务开发运维周期。为此,本书把智能微服务适配划分为几个主要部分:分析设计、持续集成、持续部署、调度优化、监控运维等。每一部分都安排了相应的章节,综合论述相关的核心概念、技术框架、智能方法和典型实例,力图为读者呈现全景式的理论研讨和技术介绍。

读者对象

- 微服务架构师
- 微服务设计人员
- 微服务产品人员
- 微服务开发人员
- 微服务运维人员
- 人工智能研究人员
- 其他对智能化微服务感兴趣的人员

如何阅读本书

本书从智能微服务的理论和实现角度给出了微服务架构下从用户端到运维端的全过程智能化方法和设计。全书整体分为两个部分,共七章。

第一部分内容涉及智能微服务的整体框架和基础设施,具体包括第 1 章和第 2 章:这两章主要阐述了智能化微服务的适用场景以及支撑智能化微服务的相关环境,给出了从感知、判断到决策执行的智能化微服务整体框架,提出了基于智能化方法的微服务双控制回路模型,并对学术界 SOTA(State-Of-The-Art)以及工业界 SOTP(State-Of-The-Practice)进行了详细阐述。通过阅读这两章,读者可以对智能微服务的基础设施有一个全面的了解。

第二部分介绍智能化微服务开发及运维技术。第 3 章从用户需求角度对服务流程自动适配进行了阐述。第 4 章将智能化技术引入持续集成（CI）过程，介绍了以 GitLab 为基础的微服务持续集成框架。第 5 章着重介绍了智能持续交付/部署（CD）技术，并以在 Kubernetes 和 Istio 社区广泛使用的应用程序 Bookinfo 为例，介绍了智能化持续部署方法。第 6 章从资源调度过程、调度性能检测优化和典型智能资源调度方案三个方面对微服务质量保障框架和智能调度技术进行了介绍。第 7 章从运维过程中的服务监控、服务故障检测和报警、服务的故障定位以及服务故障恢复等四个方面，介绍了面向微服务的智能运维相关技术。

本书各章的数据基础都建立在智能微服务的基础框架上，所以建议所有读者都要阅读第 2 章的内容；第 3 章到第 7 章是针对微服务开发及运维过程中的各个环节和任务展开的，因此读者可以根据自己的需求对这部分内容进行有针对性的阅读。如果你是一名初学者，建议在开始本书的阅读之前，提前进行微服务相关知识以及人工智能相关知识的学习。

勘误和支持

由于作者的水平有限，书中难免会出现一些错误或者表述不准确的地方，恳请读者批评指正。期待得到读者的反馈，让我们在微服务智能化道路上互勉共进！

致谢

本书的主要内容来自中华人民共和国科学技术部高技术研究发展中心国家重点研发计划"现代服务业共性关键技术研发及应用示范"重点专项"智能服务适配理论与关键技术"（项目编号：2018YFB1402800）的研究成果，同时内容的编写参考了微服务及人工智能领域大量先进的工业实践和研究成果，在此对本书写作提供帮助的单位和个人表示衷心的感谢！

感谢机械工业出版社对本书的重视，以及为本书出版所做的一切工作，使我们以较高的效率完成了本书的写作。

另外还需要感谢北京航空航天大学软件与开发环境国家重点实验室、湖南科技大学、中国科学院软件研究所、中国地质大学以及北京工业大学的老师和同学，他们帮助增添或改进了书中的内容。他们是（排名不分前后）：冯埔、杨京波、李瑞、廖星创、彭天豪、覃雨晨、汪凌风、王洋洲、辛治旻、殷珂、杨开元、赵文佳、庄予彰、曹步清、彭咪、高赫然、许源佳、曾皓、张治宇、李怡、刘智敏、秦文豪、孙梦宇、张昊宸、刘博、李玉金、王名亮。

最后，我们要感谢家人，谢谢他们一直陪伴着我们。

Contents 目 录

智能微服务软件框架

1.1 微服务基本概念

微服务的概念是在 2011 年 5 月威尼斯的一个软件架构研讨会上第一次出现的。当时的与会者对它的描述只是软件架构的一种风格，并没有给出明确的定义。随着技术的不断发展，2014 年 3 月，Jame Lewis 和 Martin Fowler 在博客中阐述了微服务架构的特点[1]，并给出了这种风格的明确定义：微服务架构风格是一种将单体（Monolith）应用程序开发为一组小型服务，每个小型服务运行在自己的进程中并采用轻量级机制（如 HTTP、REST、API）进行通信的软件设计风格。这些小型服务围绕业务能力建立，可以用不同的编程语言及数据库存储技术来具体实现，并且支持完全自动化的独立部署，平台对这些服务只提供最低限度的集中管理。

微服务将复杂的单体软件分解为可以独立部署和维护的小型服务模块，因此相比于传统软件架构，微服务架构能够更有效地利用计算资源，更快、更精准地实现服务演化。这种从单体软件架构到分布式微服务结构的转变，也从根本上改变了传统软件的开发、测试、部署、更新和运维方式。

1.1.1 什么是微服务

从架构上来讲，软件经历了单体架构、分布式架构、面向服务架构以及当前的微服务架构。单体架构是指软件中所有组件的运行都不是独立的。比如一个系统，它有 UI 模块以及对应的 UI 组件，同时也有 API 模块以及对应的底层框架，还有适配器模块对应的文件管理系统，它们形成了一个有机的整体，运行时缺一不可，部署的时候也必须是作为一个整体进行部署。微服务架构（MicroServices-based Architecture，MSA）是面向服务架构（Service-Oriented Architecture，SOA）的新发展。传统的面向服务架构是基于 SOAP 的服务接口对松散耦合的粗粒度应用组件进行分布式部署、组合和使用。相比之下，微服务架构是 SOA 架构的升华，微服务架构更加强调将单个业务系统拆分为多个可独立开发、设计、运行的细粒度模块，并基于这些模块交互组合成为完整系统。微服务架构的主要特征包括细粒度模块和接口、轻量化通信协议、CI/CD 开发模式、容器化部署方式，具体如下：

- ❑ 细粒度模块和接口：微服务架构采用细粒度的接口和模块分解，强调把复杂业务系统拆分为功能单一的模块并加以实现。
- ❑ 轻量化通信协议：对于服务实例之间的一对一通信，微服务架构摒弃了复杂的 WS-* 协议，取而代之的是基于 HTTP 的 REST 通信协议；对于多对多的异步通信，则采用基于高级消息队列协议（Advanced Message Queuing Protocol，AMQP）的事件消息通信协议来完成（例如，RabbitMQ 是 AMQP 的一个实现）。
- ❑ CI/CD（持续集成和持续交付）开发模式：微服务架构通常采用持续集成、持续交付的软件开发模式来实现，对应用系统功能的局部修改，只涉及少量服务的重新构造和部署。
- ❑ 容器化部署方式：微服务架构通常是云原生（Cloud Native）和无服务器（Serverless）软件系统的标准架构，该架构通常依靠轻量化的虚拟容器来实现微服务的部署和运维。

1.1.2 微服务架构常见设计模式

微服务架构为软件研发过程带来了巨大的优势，包括设计阶段的有界上下文、云原生、去中心化治理、容错及灵活部署、API 网关、断路器、独立数据库、消息代理、服务发现，开发、测试和集成阶段的松耦合、可重用架构、服务规模、技术栈自由度、CI/CD、数据持久化、数据隔离、测试自动化，运行维护阶段的容器化、服务独立性、可靠性、故障隔离、可扩展性、快速演化等特性。

微服务架构在企业级应用中已经获得了巨大的成功，Amazon、Netflix、Spotify 和 Twitter 都已经将其核心业务转向了微服务架构。但它同时也带来了一些具体的问题，例如在设计阶段如何把握微服务分解的粒度以及信息安全策略的设计，在开发阶段如何管理分布式存储和测试，在运行阶段如何应对微服务架构带来的额外网络开销和计算资源消耗。因此微服务架构设计需要遵循以下基本原则：1）独立自治的服务；2）可扩展；3）去中心化；4）弹性服务；5）实时负载均衡；6）可用性；7）通过 DevOps 持续集成和交付；8）无缝 API 集成和持续监控；9）故障隔离；10）自动扩容。为实现上述目标，可以根据业务模型，参考图 1-1 中的模式来设计微服务架构。

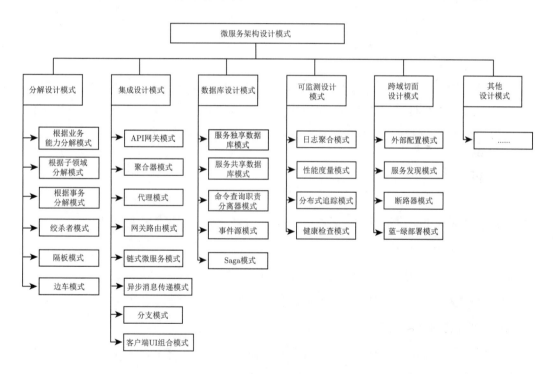

图 1-1　微服务架构设计模式

1. 聚合器模式

聚合器是指收集数据并进行展示的网页或代码。在微服务架构中，聚合器模式通常是指通过调用不同的微服务来获取所需的信息并实现相应的功能，这种模式适用于需要对不同微服务的输出进行整合的场景。聚合器模式的设计基于 DRY（Don't Repeat Yourself）原则。因此可以将业务逻辑抽象到一个微服务，并将该服务和其他服务进行组合。例如，考虑图 1-2 中的两个服务：服务 A 和服务 B。

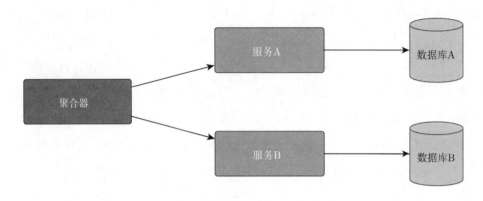

图 1-2　聚合器模式

服务 A 和服务 B 都有自己的数据库，可以通过向聚合器提供数据来同时扩展这些服务，也可以通过具有唯一一事务 ID 的聚合器从两个服务中收集数据并应用业务逻辑，最后将其发布为 REST 端口，这些数据可以最终被对应的服务所使用。

2. API 网关模式

微服务架构下的应用设计要求每个服务都要实现某个小而具体的功能。但是，当应用程序从整体分解为小且自治的微服务时，开发人员可能会面临以下一些需求：

❑ 从多个微服务请求数据。

❑ 满足同一个数据库服务上多样化的用户服务数据请求。

❑ 根据数据消费者的需求对复用微服务中的数据进行转换。

❑ 处理来自不同协议的请求。

这些场景所需的设计模式则是 API 网关模式。API 网关模式可以看作一种代理服务，作为聚合器服务的变体，它可以将请求发送到多个服务，并将结果聚合回服务组合或消费者端。如图1-3所示，API 网关模式还可以充当所有微服务的入口，并为不同类型的客户端创建细粒度的 API。

因此，一旦客户端发送请求，这些请求就会传递到 API 网关，由该网关充当入口点，将客户端的请求转发给适当的微服务，然后，在负载均衡器的处理下将请求发送到对应的服务。微服务架构采用服务发现的方式给出服务之间通信的路径，然后通过无状态服务器（HTTP 请求/消息总线）互相通信。API 网关还可以对请求协议进行转换，以及承担微服务之间安全认证/授权的工作。

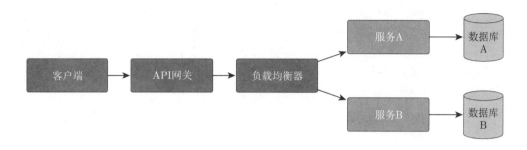

图 1-3　API 网关模式

3. 链式微服务模式

链式微服务模式的适用场景是服务产生的单个输出是多个服务链式输出的组合。如图 1-4 所示，如果将三个服务排成一条链，那么，来自客户端的请求首先被服务 A 接收，然后服务 A 与服务 B 进行通信并收集数据，接下来是服务 B 与服务 C 通信并收集数据，然后生成最终的输出。所有这些服务都使用同步 HTTP 请求或响应进行消息传递，在请求通过所有服务并生成相应的响应之前，客户端不会获得任何输出。

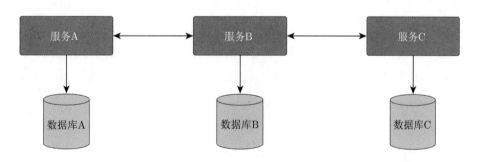

图 1-4　链式微服务模式

另外在链式微服务模式中，服务 A 到服务 B 的请求可能看起来与服务 B 到服务 C 的不同。同样，服务 C 到服务 B 的响应与服务 B 到服务 A 的响应也可能完全不同。从设计上来说，不建议做长链，因为客户端要等到整个链完成后才能得到输出。

4. 异步消息传递模式

在链式微服务模式中，客户端在同步消息传递过程中会阻塞或者必须等待很长时间。但是，如果不希望客户端等待很长时间，那么可以选择异步消息传递模式。在这种设计模式中，所有服务之间都可以相互通信，但它们不必按顺序相互通信。

如图 1-5 所示，考虑 3 个服务：服务 A、服务 B 和服务 C。来自客户端的请求可以同步发送到服务 C 和服务 B，这些请求将会放在消息队列中。除此之外，还可以将请求发送到服务 A，其返回对象不必与该请求对象完全一致。

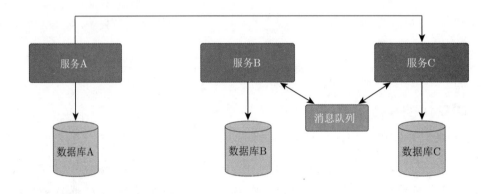

图 1-5　异步消息传递模式

5. 服务共享数据库模式

当前，每个应用程序的正常运行都需要并产生大量数据，因此，当应用程序从单体架构切换到微服务架构时，每个微服务都需要有足够的数据量来完成对它的请求。从设计上来看，可以为每个服务设置一个数据库，也可以是多个服务共享一个数据库。但在实际场景中可能会出现以下问题：

- ❏ 数据的重复和不一致。
- ❏ 不同的服务有不同类型的存储需求。
- ❏ 业务逻辑需要查询多个服务所拥有的数据。
- ❏ 数据的非规范化。

这里前三个问题可以通过为每个服务设置单独的数据库来解决，因为微服务只会访问自己的数据，每个微服务都将拥有自己的数据库，从而防止系统中的其他服务使用该数据库。

除此之外，为了解决规范化问题，可以采用如图 1-6 所示的服务共享数据库模式，通过对齐多个数据库来解决数据的规范化问题。这种模式有助于单体应用向微服务架构分解过程中的数据获取。但是，考虑到微服务的扩展，这种共享数据库数量不可设计太多，一般限制在 2~3 个微服务之内。

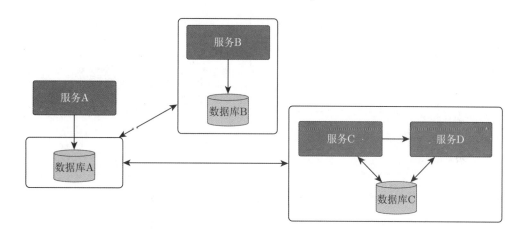

图 1-6　服务共享数据库模式

6. 分支模式

分支（微服务设计）模式可以同时处理来自两个或多个独立微服务的请求和响应。与链式微服务模式不同，在分支模式下，服务请求不是按顺序传递的，而是将请求传递给两个或多个互斥的服务链。这种设计模式扩展了聚合器模式，同时也提供了多链/单链响应的灵活性。

考虑电子商务应用，可能需要从多个服务进行数据检索，而这些数据可能是来自各种服务的协作输出。在这种模式下，如图 1-7 所示，服务请求可以直接发送给服务 A，而服务 A 则可以将请求传递给独立服务 B，以及链式服务 C、D。因此，在需要从多个源检索数据的场景下，可以使用分支模式。

7. 命令查询职责分离器模式

从微服务数据库设计模式上来看，微服务根据应用场景的不同，有单独的数据库或服务间共享的数据库。但是，在单独数据库模式下，我们无法直接对该微服务所拥有的数据库进行查询，因为数据访问仅限于服务自身的 API。因此，如果应用存在这类需求，则可以使用命令查询职责分离器（Command Query Responsibility Segregation，CQRS）模式
对微服务进行设计。

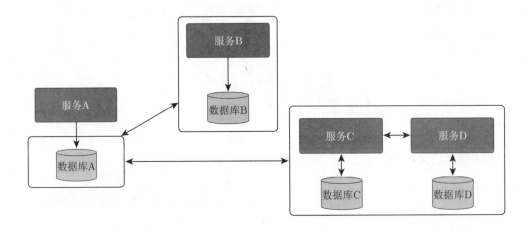

图 1-7　分支模式

如图 1-8 所示，在 CQRS 模式下，应用程序将分为两个独立的部分：命令（Command）
和查询（Query）。命令部分将处理与 CREATE、UPDATE、DELETE 相关的所有请求，
而查询部分将处理物化视图，并通过一系列事件更新。这里的独立可以是服务级别的，也
可以是 API 级别的，同时在设计时需要考虑两个数据库之间的数据一致性问题。

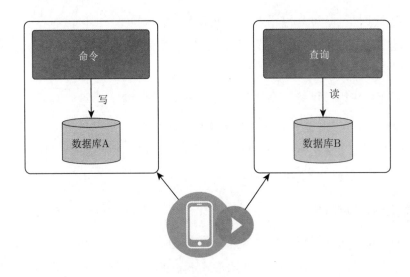

图 1-8　命令查询职责分离器模式

8. 断路器模式

顾名思义，断路器模式用于在被请求或者响应的服务不工作时，停止该服务的请求和响应过程。例如，客户端正在发送请求从多个服务中检索数据，但是由于某些问题，其中一项服务已关闭。这时候将面临两个问题：首先，由于客户端无法知道特定服务已关闭，因此将不断发送请求到该服务。其次，由于这类无效请求的不断发送，导致网络资源枯竭，性能低下，用户体验差。

在这类场景下，为了避免此类问题，可以使用断路器模式。如图 1-9 所示，在断路器模式下，客户端将调用一个远程服务作为代理，该代理将作为断路器。当故障数量超过阈值时，断路器会在设定的断路周期内跳闸。然后，所有尝试调用远程服务的请求都将在这段时间内失败。一旦该周期结束，断路器将允许有限数量的测试请求通过，如果这些请求成功，断路器将恢复正常操作，如果仍然出现故障，则断路周期再次开始。

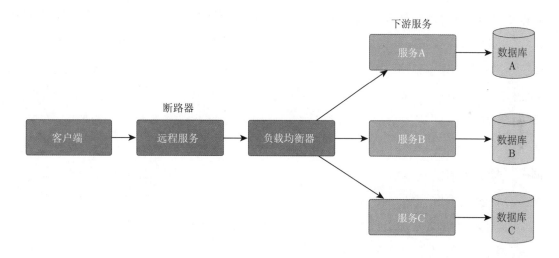

图 1-9　断路器模式

9. 分解设计模式

在微服务开发过程中，开发人员的想法是创建小型服务，每个服务都有自己的功能。但是，将应用程序分解为小而自治的单元也必须符合逻辑。要将小型或大型应用程序分解为小型服务，可以使用分解设计模式。在此模式下，可以基于业务能力或子领域对应用进行分解。例如考虑一个电子商务应用，如果按业务能力进行分解，可以分为订单、付款、客户、产品等独立服务。但是，在同样场景中，如果通过分解子领域来设计应用程序，例如在这个例子中，把客户看作一个子领域，那么这个子领域将用于客户管理、客户支持等。所以，在分解过程中，可以使用领域驱动设计，将整个系统模型分解为子领域，每个子领域都有自己的特定业务模型和范围（有界上下文）。这样一来，开发人员设计微服务时，将围绕范围或上下文来设计这些服务。尽管分解设计模式理论上可行，但由于识别子领域和业务能力对于大型应用程序来说并非易事，因此对于大型单体应用程序并不完全可行。

1.2　人工智能与微服务适配

随着 RESTful 和微服务等新服务技术不断涌现，服务软件已经从简单同构系统发展为环境开放、场景跨域、业务复杂的服务生态。传统服务理论和技术已经难以实现海量异构服务之间的精准匹配、动态组合和耦合集成。复杂服务软件的智能适配，主要需要解决异构服务的智能匹配问题，以及服务演化和运行时的质量保障问题。在服务分析和设计方面，由于异构服务描述不精确、不一致，需要实现服务供需的精准匹配、按需组合、适应优化，从而保障服务适配的正确性。在服务版本演化和动态运行方面，由于服务版本众多、更新频繁、适配态势不断变化，需要及时感知态势、准确评估效能、自主可靠管理、保障服务适配质量。例如，Netflix 的在线服务系统每天涉及 50 亿次服务调用，其中 99.7% 是内部调用（大部分是微服务调用）；Amazon.com 进行 100~150 次微服务调用来构建页面。微服务的动态特性使情况进一步复杂化。一个微服务可以有几个到数千个物理实例，并运行在不同容器上由服务发现组件进行管理。针对新的服务适配要求，需要研究智能服务适配理论和方法，解决如下重大科学问题：

1）异构服务的智能匹配：在异构的服务生态环境中，服务描述的不一致性阻碍服务的适配交互。需要设计智能化的服务功能适配方法，在语法–语义–行为层面实现服务功能自动匹配、按需智能组合定制和自主适应。

2）服务演化和运行时的质量保障：在服务版本演化和服务动态运行中，及时感知和分析服务适配的态势变化，自主实施服务适配适应性调控，消解服务适配的版本冲突，保障服务适配的质量。

1.2.1　什么是智能微服务

智能微服务有两方面的含义：智能化的微服务（AI for MicroService）和智能的微服务（AI as MicroService）。

（1）智能化的微服务

将人工智能的模型和算法引入微服务的全生命周期当中，通过智能化的方法，实现微服务系统的开发、部署、运行和维护。其目标就是通过智能化的微服务框架，实现具备自主性和自适应性的智能微服务系统，支持异构服务的智能匹配、服务演化和运行时的智能化质量保障。在服务设计开发阶段，通过人机自然交互式的服务需求智能分析、服务资源的智能发现和推荐、服务组合的智能编排等，实现异构服务的功能匹配和流程按需生成。在服务运行和维护阶段，通过智能化的服务部署、服务演化、服务运行的反馈调控回路，形成及时感知不同软硬件环境和不同工作负载的态势变化，自主实施服务适配适应性调控的能力。

（2）智能的微服务

通过微服务的架构和工具来管理智能模型，实现智能模型的微服务化部署和应用。这里涉及两个新概念：一个是软件 2.0（Software 2.0），另一个是 MLOps。软件 2.0 强调以类似机器学习的方式实现软件的自动构造。工程师通过汇聚训练数据，将其输入到机器学习的训练算法，自动综合生成关于数据概率分布的深度模型（程序）。这个扩充可以类比为源代码的编译过程，只是软件制品不再是源代码，而是重点放在数据驱动训练生成模型。MLOps 是指数据科学家和机器学习工程师将 DevOps 原则运用于机器学习系统。MLOps 是一种机器学习工程文化和做法，旨在统一机器学习系统开发（Dev）和机器学习系统运营（Ops）。MLOps 意味着将在机器学习系统构建流程的所有步骤（包括集成、测试、发布、部署和基础架构管理）中实现自动化和监控。

本书旨在结合上述两个方面，设计智能微服务软件框架：首先，这个框架的核心目标就是实现智能化的微服务适配，以智能算法加强和改进微服务生命周期所涉及的各个环节，形成智能化微服务适配回路。其次，这个框架所包含的智能适配回路需要相关的机器学习模型来进行分析和决策，而这些模型不能通过简单的离线训练部署和应用在不同的微服务系统之中。我们需要一套模型训练、封装和部署的完整框架，以支持不同研发和运维环境下的模型在线调整和动态适应。因此，本书的智能微服务软件框架将综合考虑针对智能微服务适配回路的功能设计，以及与之配套的智能模型的微服务化管理。

1.2.2　智能微服务适配回路模型

智能微服务适配回路模型的基本要素可以定义为五元组 $(G, \text{KPI}_\text{b}, M_\text{b}, \text{KPI}_\text{s}, M_\text{s})$，其中微服务关系图 G 代表这个服务主体所包含的微服务实例和它们之间的调用关系。$G = (S, E)$，其中 S 是服务主体包含的所有微服务集合，每个节点 s 代表一个微服务以及它的画像，包括服务输入与输出接口、服务行为描述、服务语义描述；E 是微服务关系图 G 所有边的集合，每条边 e 代表两个服务之间的调用关系。所谓服务适配就是指由这些服务集合 S 通过 E 指定的组合关系，能正确地实现用户需求的功能，并同时在演化运维过程中保障服务的质量。服务的智能功能适配涉及 KPI_b、M_b、KPI_s、M_s 这四个要素：

- ❑ 业务层的智能化功能匹配：M_b 和 KPI_b 分别定义了服务系统的业务功能智能匹配模型和业务功能约束规则，它们和服务系统的业务领域密切相关。业务层的 KPI_b 是在获取服务需求时，由用户给定的服务功能总体定义及其衍生处理的服务适配业务功能约束规则。而功能匹配模型集合 M_b 是实现智能化功能匹配的关键，它涉及服务需求的自动获取、服务 API 的画像和知识图谱、服务的动态智能组合、微服务功能失配的智能检测、微服务架构的智能优化等。

- ❑ 演化运维层的智能化质量保障：M_s 和 KPI_s 分别定义了演化运维层模型和核心约束指标。模型集合 M_s 涉及执行 QoS 评估分析模型、面向 SLA 的资源自动配给、任务调度模型、服务适配异常检查和自动告警、故障根因定位模型等。核心约束指标 KPI_s 往往包括服务实例运行和通信的实时参数、底层容器的各类资源指标（CPU 计算负载、内存、网络等）。

服务业务层和演化运维层的所有智能模型，通过构造自适应的适配调控回路，支撑整个服务系统在其生命周期中持续和动态地适配状态，使得整个服务系统满足 KPI_b 和 KPI_s 的适配约束要求。

整体的智能微服务适配回路模型如图 1-10 所示。业务层的智能匹配将生成微服务关系图 G，以及将这个微服务的逻辑架构部署到微服务容器平台的配置文件。而演化运维层的质量保障由持续集成–持续部署和运行维护组成。

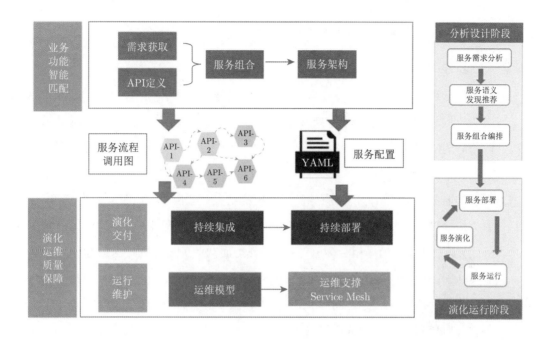

图 1-10　智能微服务适配回路模型

持续集成–持续部署是 DevOps 所规定的开发、编译和部署的集成化流程，首先在微服务关系图指导下从代码仓库编译生成相应的容器集合，然后以灰度发布模式逐步实现服务的部署。运行维护方面包括面向智能运维的模型集合 M_s 和运维支撑平台。运维模型集合组成服务智能适配的控制回路，实现了服务适配的动态监控、效能评测、智能调度、自动恢复等一系列功能。运维支撑平台则包括 Kubernetes 云容器平台和服务网格的软件框架和核心功能。

1.2.3　智能微服务适配计算框架

本书把智能微服务适配的周期划分为设计开发和运行维护两个大的阶段：设计开发遵循"设计–开发–测试–重构"这样的周期过程，依托回路模型定义的业务功能智能匹配模型集合 M_b 来完成智能化的微服务设计开发任务管理和过程优化，不断推动将用户的服务需求转化为实际的微服务实现。运行维护遵循"运行时适配监控–分析–决策–执行"的回路，依托回路模型规定的智能质量保障模型集合 M_s 来维持微服务运行时的适配状态，并根据运行环境和用户请求的不断变化，调整整个微服务系统的运行。下面分别对这两个阶段的适配计算框架进行阐述。

1. 设计开发阶段的服务适配计算框架

设计开发阶段的主要目标包括如下三点：

❑ 服务供给和需求的适配：通过构造反映服务需求的多主体模型，表达与业务相关的服务流程，同时汇聚多方面的数据来聚合所需服务的语义信息，形成服务画像和服务关联的知识图谱，比较服务需求表述和服务供给集合的差异，生成服务适配规约描述，推荐候选的服务集合。

❑ 智能的服务适配组合：根据服务供需匹配的结果，综合考虑微服务架构设计模式和服务组合模式，协助系统开发者设计微服务的整体架构，生成服务流程调用图和服务配置，并智能地动态组合微服务流程，支持面向业务流程的任务规划和可靠执行。

❑ 服务适配的检测：以服务适配质量为引导目标，基于证据和数据驱动的方式，从微服务模块代码、微服务之间的 API 调用、微服务架构互操作三个层次，进行微服务软件质量的分析、测试和评估。

上述三个步骤形成了服务适配设计开发的过程回路：供需适配步骤是从邮件列表、社区论坛和图形界面等收集多模态的用户需求数据，利用自然语言处理和人机交互技术生成需求模型，分析和感知用户需求的变化，成为驱动服务适配设计开发的源头；服务适配检测步骤则提供开发过程的质量综合评价，关键的质量指标将作为辅助 "设计–开发–测试–重构" 的基础和支撑；智能的服务适配组合是这个回路的中心决策步骤，通过汇聚用户需求、可用服务供给、质量评估指标等多方面的数据，基于多种智能工具进行开发过程辅助决策，优化组织服务模块开发、服务组合、服务功能重构等复杂的微服务软件开发活动，使得整个微服务系统向着满足用户需求、符合质量要求的目标不断演进。如图 1-11 所示。

（1）服务适配需求建模

服务适配需求建模的目标是形成刻画服务软件系统的需求模型，该模型描述服务系统涉及的主体和各主体之间的交互模式和业务逻辑，从而形成服务功能总体定义。本书采用 BPMN（Business Process Model and Notation）语言定义用户所需要支持的业务流程集合，同时规定主要服务的 QoS 约束，形成业务功能约束规则 KPI_b。需求建模主要有两种方式：可视化业务流程编辑是比较传统的方式，通过使用简单的图形符号将业务流程转化为可视化图形，这让业务流程建模变得简单化、图形化，比较适合专业的流程设计者使用；对于一些相对简单的流程，可以采用另一种方式，即基于自然语言处理的业务流程模型自动生成算法，这种方式允许用户通过自然语言来表达其所需的服务流程，然后从自然语言描述中提取流程信息，自动地生成业务流程 BPMN 模型。获得用户需求的 BPMN 模型后，还需要对业务流程模型的质量进行检查。一个重要的步骤就是进行流程一致性检查，将流程的自然语言描述与生成的 BPMN 模型进行一致性比较，分析用户所定义的服务功能要求是否达成、在维护过程中是否出现了不一致的情况，并标定存在的差异问题以便设计人员修正。

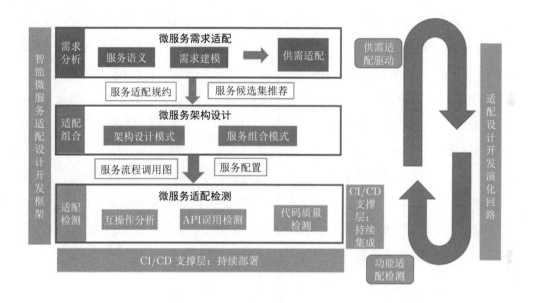

图 1-11　智能微服务适配设计开发回路

（2）服务语义建模

服务语义建模的目标就是针对大规模、多样化、关系复杂的服务元数据，精准地表示并建模服务语义，以支持智能微服务适配及应用。服务语义建模要对微服务关系图 G 所包含的微服务集合 S 形成画像描述信息，不仅刻画每个服务的静态的语法语义等信息，还包括各类动态行为属性，以刻画服务内部的复杂动态行为及其协同特点。这些服务的相关信息统一表达为针对服务 API 的知识图谱，把 API 知识图谱和领域的业务知识图谱相结合，就可以为面向用户需求的服务发现、推荐和组合提供语义融合和推理方面的支持，为用户需求与服务供给之间的适配提供语义的引导。与传统的人工构建语义表示和知识图谱不同，服务语义建模需要采用多源数据融合、人工语义标注、基于图神经网络的语义和知识图谱表示学习等新方法，从大量的非结构化服务描述数据中，自动构建面向服务适配的服务画像和语义知识图谱。

（3）服务适配组合

服务适配组合的目标是支撑智能化的服务发现、推荐、组合和定制，以自动或半自动的方式生成复合式微服务流程，从而完成用户所需要的 BPMN 业务逻辑，实现用户需求与服务供给之间的功能匹配。具体包括以下研究内容：首先，构造语义驱动的服务智能组合功能，基于微服务的语义画像，进行微服务的语义聚类，根据服务需求所给出的 BPMN 流程的语义特征和结构特征，发现与其语义匹配的微服务集合，推荐与语义和结构特性相近的微服务组合片段，以辅助开发人员自动完成 BPMN 流程到微服务流程的映射实现。在流程组合过程中，具备自动插入微服务适配功能的能力，实现上下游微服务的智能衔接。其次，根据服务需求定义的业务核心指标集 KPI_b，把 BPMN 流程的 QoS 规范转化为微服务流程的 QoS 要求，并在部署和运行当中予以保证和落实。为此，需要构造微服务流程规划与编排功能，对微服务组合方案进行动态和持续性管理，实现连续的集成和编排部署，动态维护业务流程和微服务组合的功能一致性，支持服务流程的版本管理、动态演化和自动部署，并根据流程适配的功能要求、QoS 要求、成本约束要求，基于逻辑方案生成流程执行的物理方案，进行相应的流程优化。

（4）服务适配功能检测

服务适配功能检测的目标是从代码、API 和软件架构三个层次来系统检查微服务系统是否存在服务功能失配的风险，找出可能存在的质量缺陷，以便辅助软件设计和开发人员改进服务适配质量。服务适配功能检测的主要任务是扫描微服务系统所包含的所有微服务的自身功能和汇聚而成的整体功能，确保其满足用户的服务需求；同时检查这些微服务的源代码和软件架构的设计风格，引导软件开发人员对代码和软件架构进行相应的优化和改进。无论微服务代码的各类功能测试和风格检查，还是微服务调用的 API，服务适配功能检测的具体实现需要基于 DevOps 中的持续集成流水线来完成。首先是代码层面的质量检测（代码缺陷和异味），对微服务的源代码进行单元级和模块级的软件测试，找出存在的程序错误和代码缺陷；检查源代码的设计风格，扫描可能存在的设计风格和代码结构的缺陷问题（即代码异味），因为这些异味违背了基本的设计原则，妨碍代码的可理解性，并且降低代码的可维护性。其次是 API 层面的误用检测，核查微服务系统中各个微服务之间和微服务内部的 API 调用的正确性。但由于 API 本身的复杂性、文档资料缺失或者使用者本身的疏漏等，开发人员有时会错误地使用 API，从而产生 API 误用缺陷，导致系统或软件在运行时产生异常或崩溃。最后是服务架构层面的质量检测，微服务系统是基于诸多微服务模块交互耦合形成的分布式系统，其架构设计事关整个系统适配的全局。近年来，许多研究提出了微服务架构设计中存在的异味或者反模式问题，即架构设计存在不好的设计模式，为服务的良性适配带来负面因素，推高微服务系统的演化和运维的技术债。为此，需要引入针对微服务架构异味的自动检查，支持软件开发人员在设计早期阶段消除不恰当的架构反模式，改进微服务系统的整体架构。

2. 持续集成–持续交付/部署

持续集成–持续交付/部署是实现智能微服务系统迭代演化的关键步骤，起到支撑图 1-11 中演化–部署的重要作用，并成为连接智能微服务适配中设计开发和运行维护两个重要阶段的枢纽，以形成完整的服务适配回路。

（1）持续集成

持续集成的目标是把数目众多的微服务模块源代码编译汇集起来，形成可以进一步部署的云容器镜像包。持续集成工具能够有效地支撑分布式开发团队快速更新、持续集成，根据用户需求变化频繁地演化服务系统。在持续集成过程中最重要的步骤是自动化的软件质量检查任务，通过静态扫描、安全扫描、自动测试等，尽快发现和修正微服务软件错误。为此，图 1-11 中智能化服务适配的功能检测就成为自动化软件质量检查的重要组成部分，需要作为持续集成流水线的必备任务，以支撑开发团队进行高效的集成开发工作。

（2）持续交付/部署

持续交付/部署是持续集成的后续过程，是将集成后的容器包自动部署到实际运行环境，与持续集成相结合，实现微服务系统功能的快速上线和部署交付。持续交付和持续部署是两个相近的概念，容易产生混淆。其主要区别是，持续交付的运行环境是与实际产品线类似的内部生产环境，而持续部署更强调实际产品上线的生产环境。

当前比较流行的持续交付的实现模式是 GitOps，它的核心思想是将微服务应用系统的声明性基础架构和应用程序存放在 Git 的版本控制库中，通过不断比较部署系统的实际状态和 Git 所存放的最新部署规定之间的差异，不断启动容器版本的增量式更新步骤，从而形成持续交付流程的反馈和控制回路。智能化的持续交付/部署需要"监控–决策–执行"的自适应控制回路，对于灰度发布和金丝雀部署过程中的系统状态进行实时监控，并动态进行自动调节，以保障持续部署中版本变化和升级能够无缝完成。

3. 运行维护阶段的服务适配计算框架

这一阶段的核心目标是对服务系统整体效能进行评价与优化，以及实现对服务可靠性的维护与保障。基于对服务执行轨迹的自动化追踪，服务智能适配的控制系统需要实现服务适配的动态监控、效能评测、智能调度、自动恢复等一系列智能运行维护功能。这部分的开发技术是目前业界所提的 AIOps[2] 的重要组成部分，需要综合实时大数据处理、服务语义关联、数据驱动的机器学习和统计分析等基础工具，设计实现基于服务画像的多维度适配效能评价工具、服务任务智能调度和优化工具，以支持主动的服务质量管理和运行状态的优化。同时通过实时数据采集和日志分析，引入全景关联信息挖掘技术，设计开发服务适配运行时的监测、诊断及故障处理等服务适配保障工具，以支持快速识别故障原因并及时动态处置。如图 1-12 所示。

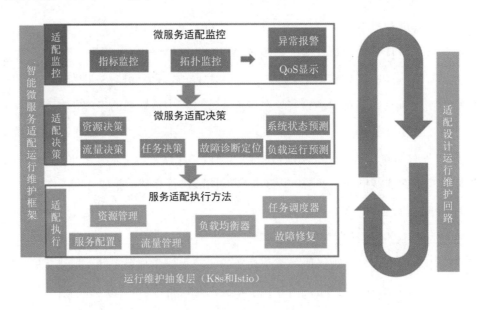

图 1-12　智能微服务适配运行维护回路

（1）适配监控

基于日志和远程数据收集等方式，对业务指标集 KPI_b 和系统运行指标集 KPI_s 的相关时间序列进行不间断的数据采集和汇聚。同时对微服务之间的动态调用关系进行监控，生成服务动态调用拓扑。基于这些服务指标数据，使用异常检测模型分析微服务系统的适配状态，对出现的服务异常情况及时发出警报。

（2）适配决策

微服务适配决策是运行维护回路的关键步骤，其涉及的自适应决策功能包括系统运行状态和负载运行动态的预测、云容器资源供给的决策、服务任务资源分配、微服务通信流量管理决策、故障诊断定位和安全访问管理决策等。

其中，资源决策和任务决策：根据运维 KPI_s 的 QoS 约束要求，基于 M_s 模型进行容器资源的动态分配和调度。当有新的微服务需要部署时，平台调度器会根据当前集群的节点状态及服务所需的具体资源来选择最优的节点，在微服务运行结束后会将分配给该服务的资源及时回收以便重新分配。同时通过实时数据采集和日志分析，利用全景关联信息挖掘技术对服务的运行质量进行保障，当检测到服务的容器所在节点出现故障或资源不足时，可以智能地将容器调度到其他正常节点，从而保证服务的运行质量。

流量决策：微服务平台，特别是服务网格（Service Mesh）提供了强大和灵活的流量管理功能，能非常便捷地配置服务通信的路由、控制服务之间的流量和 API 调用，还能在负载过大或出现故障时，实现熔断、超时和重试等机制。这些机制对于微服务系统各模块实现持续演化和可靠稳定运行，具有重要作用。传统的流量管理高度依赖运维人员的经验和直觉判断，往往无法快速和及时地应对突发性和频繁发生的流量状况。因而，需要智能化的通信流量管理，通过运行数据和微服务通信拓扑关系，自主学习生成 M_s 中的智能流量管理模型，实现多种场景下的流量动态自主智能决策。

故障诊断定位：一旦异常检测发出报警消息，微服务系统就需要分析异常产生的原因，确定可能发生故障的位置，以指导后续的故障恢复等运维操作，这在软件工程中通常称为故障的根因定位。由于微服务系统各服务之间存在复杂的调用关系，故障的发生具有级联式的传递性，即某个服务的故障会依照微服务关系图 G 的交互关系，引发多个与该服务相关的其他服务也产生故障。所以需要智能化的根因定位模型，从大量的微服务实例中实施快速而精准的定位。

（3）适配执行

上述适配决策任务需要微服务支撑平台所提供的相应管理接口才能得以实现：适配监控和系统运行状态预测需要从支撑平台上进行大量的运行时数据采集，资源供给和任务调度需要支撑平台对容器计算资源的动态扩容和分配，流量管理需要支撑平台实施动态的路由配置和负载均衡等。现代云容器平台如 Kubernetes 能提供这些相关的管理功能，并进一步引入服务网格的概念，让运维人员更方便和灵活地快速调整微服务系统。服务网格通过引入网络代理，实现对应用层透明的通信接管，实现微服务通信网络的虚拟化，同时构造数据平面（即微服务通信网络）与控制平面（即上层的服务管理流程）相分离的架构，从而为运维人员提供统一的运维 API。这些 API 为适配决策任务提供了标准统一的接口，大大方便了决策算法和模型的设计与部署。

1.3　本书组织结构

本书其余部分按照如下智能微服务软件框架进行组织。

第 2 章主要介绍智能微服务支撑环境的基本软件架构，包括 Kubernetes 云容器平台和服务网格的软件框架和核心功能，随后重点介绍基于服务网格的自适应微服务架构。

第 3 章主要介绍智能微服务适配设计开发回路中的服务需求建模、服务语义建模、服务适配组合三部分功能，描述如何基于自然语言处理方法把用户业务需求表示为结构化的业务流程模型，如何构建面向微服务 API 的知识图谱以形成微服务画像，如何把用户业务流程需求与系统提供的微服务进行智能组合适配，生成可执行的微服务流程。

第 4 章和第 5 章分别介绍面向智能微服务的持续集成和持续交付/部署两部分。持续集成和交付/部署是连接微服务设计开发和运行维护的中间环节，也是支撑智能化微服务演化的关键。第 4 章重点阐述以质量为核心目标的智能持续集成技术，介绍持续集成的基本概念和开源工具，特别分析了如何在主流的持续集成流程中，以智能化方法保障微服务的功能适配，从代码、API、微服务架构等三个方面对微服务软件适配进行自动检测。第 5 章则重点阐述智能持续交付/部署技术，介绍面向微服务的持续交付/部署模式 GitOps 的组织架构和应用实践，特别分析了以人工为主的持续交付在部署微服务系统中面临的挑战，提出如何以智能化的方法并结合服务网格的流量管理功能，实现微服务的灰度发布和金丝雀部署，以达到敏捷高效的持续交付和持续演化的目标。

第 6 章和第 7 章主要围绕运行维护阶段中智能服务适配的两个方面来进行论述。第 6 章主要介绍智能微服务质量保障与资源调度技术，详细分析了智能微服务资源调度要素，包括资源调度问题的形式化表达、调度的约束条件和求解目标等，描述了智能微服务资源调度优化方法和典型智能资源调度方案等。第 7 章主要介绍智能微服务监控与可靠性维护技术，论述服务适配的动态监控、异常检测、故障排查、根因定位、自动恢复等一系列智能运行维护的基本框架和相关工具。

智能微服务支撑环境

微服务架构的出现为复杂软件系统带来了可扩展性、灵活性等优点，但对微服务的运维和管理提出了更高要求。在微服务架构中，应用主要以容器的形式进行部署，同时具有规模大、灵活性强的特点。而针对单体架构的传统运维方式，无法发挥微服务架构的全部效能。为此，智能微服务必须拥有强大、健壮的支撑环境。

本章将详细介绍以 Kubernetes 为基础平台，并配合 Istio 进行服务治理的支撑环境。本章将按顺序详述 Kubernetes 平台架构、Kubernetes Pod 生命周期和访问管理、Pod 和 Service 的概念，介绍什么是 Service Mesh（服务网格）、主流 Service Mesh 框架、选择 Istio 的原因，以及 Istio 架构组成和核心功能；接着分析 Istio 中的流量引导，以及在 Istio 配合下平台的入口网关和负载均衡、Service Mesh 的安全管理和可靠性；最后以经典应用 Bookinfo 为例，介绍微服务应用的最佳实践。

2.1 Kubernetes 微服务平台

本节介绍 Kubernetes 基础平台架构、重要概念 Pod 和 Service 及它们的联系，阐述 Kubernetes 平台对微服务架构的完美契合以及提供的强大支撑。

2.1.1　Kubernetes 平台架构

Kubernetes[3] 是一个管理容器化工作负载和服务的大型平台，它采用声明式配置，自动管理容器化应用的生命周期，满足故障转移、多种部署模式、扩展等需求。管理员不再需要对每个容器进行管理，而是提交声明式配置，通过 Kubernetes 将集群部署情况驱动至定义的期望状态。

在 Kubernetes 中，Pod 是其创建、部署等管理的最小单元。Pod 中文含义为"豆荚"，在 Kubernetes 中表示一个或多个容器。在一个 Pod 运行单个容器的情况下，Pod 可以看作容器的一层包装；在一个 Pod 包含多个容器的情况下，这些容器是紧密耦合的，它们协同工作，从而提供一个完整的服务功能。在同一个 Pod 中的一组容器，共享存储、网络，也被一起调度至相同的节点，在共享的上下文中运行，这也是保障它们紧密耦合的前提。Kubernetes 架构如图 2-1 所示。

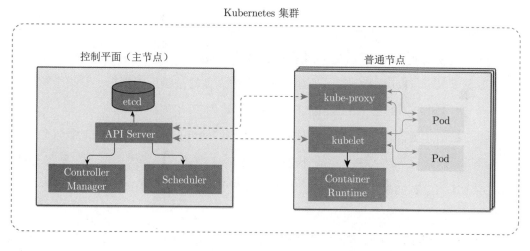

图 2-1　Kubernetes 架构图

Kubernetes 中节点分为两类：主节点（Master Node）和普通节点（Worker Node）。Kubernetes 主要由以下几个核心组件构成：

1）etcd：强一致性和高可用的分布式键值数据库。etcd 存储了 Kubernetes 集群的所有元数据，存储了整个集群的状态。

2）API Server：提供对各类资源对象操作的 API 接口的控制面组件。API Server 是其他组件模块之间数据交互的枢纽，提供了认证授权、访问控制、集群安全等机制。

3）Scheduler：负责整个集群资源调度的控制面组件。Scheduler 负责监视新创建的、未指定运行节点的 Pod，在配置的调度策略下进行调度。

4）Controller Manager：运行控制器（Controller）进程的控制面组件。在 Kubernetes 中，将各个对象向期望状态驱动的组件叫作控制器。Controller Manager 管理这些控制器，实现故障检测、自动扩展、滚动更新等功能。

5）kubelet：运行在集群的每个节点上，处理 Master 节点下发至本节点的任务的组件。kubelet 负责管理节点上所有 Pod 的生命周期，并向 API Server 定时汇报。

6）kube-proxy：运行在每个节点上的网络代理。kube-proxy 负责维护节点上的网络规则，是实现 Service 的重要组件。

7）Container Runtime：负责运行容器的组件。Container Runtime 可以由 Docker、containerd 等充当。

2.1.2 Kubernetes Pod 生命周期和访问管理

Kubernetes 会追踪 Pod 以及 Pod 内每个容器的状态。管理员将声明式配置通过 API Server 提交至 Kubernetes 后，经过处理，Pod 会由调度器按调度规则指定到某个节点。紧接着节点上的 kubelet 通过 Container Runtime 开始为 Pod 创建容器。

Pod 在被创建后，将进入其生命周期。它起始于 Pending 状态；在 Pod 中至少有一个主要容器正常启动后，转入 Running 状态；如果 Pod 中所有容器成功终止，那么 Pod 转入 Succeeded 状态；如果所有容器都已终止，但至少有一个容器因失败而终止，那么 Pod 转入 Failed 状态。

在 Pod 运行期间，如果容器出错退出，kubelet 会根据重启策略重启容器，从而尝试将 Pod 从错误状态中恢复。重启策略包含三个选项：Always、OnFailure 和 Never。当策略是 Always 时，无论容器是否错误退出，kubelet 总是会在容器退出时重启它；当策略是 OnFailure 时，kubelet 仅仅在容器错误退出时重启；当策略是 Never 时，只要容器退出，kubelet 就不会再对其重启。

在 Kubernetes 中，Pod 是一个相对临时性的对象。Pod 在其生命周期内只会被调度一次，在终止或删除之前一直会运行在对应的节点上。虽然 kubelet 能够按照重启策略重启 Pod 内失败的容器，但是 Pod 本身是不具有自愈能力的。也就是说如果 Pod 被调度之后，对应的节点失效或资源不足，那么 Pod 也会被删除或驱逐。

为了解决 Pod 的自愈问题，Kubernetes 使用高级抽象来对 Pod 进行管理，即控制器。用户提交的声明式配置定义了集群中特定对象的期望状态，特定的控制器会监控集群中特定对象的实时状态，在实时状态与期望状态不符时，通过增加、修改或删除等方式，将实时状态向期望状态驱动。

ReplicaSet 是维持集群中一个 Pod 副本的对象，其由 ReplicaSet Controller 控制。ReplicaSet 确保在集群中任何时刻都有指定数量的 Pod 副本在运行，当 Pod 被删除或驱逐时，ReplicaSet Controller 将根据 ReplicaSet 的配置，在集群中重新创建 Pod。Kubernetes 会维护 ReplicaSet 及其相应 Pod 的对应关系，以便管理。

Deployment 是基于 ReplicaSet 的更高级概念，其管理 ReplicaSet 并提供如滚动更新、回滚等新功能。相比于直接管理 ReplicaSet，创建 Deployment 并由 Deployment 管理 ReplicaSet 的方式，是生产环境中更好的实践。

Kubernetes 通过 CNI（Container Network Interface）插件实现了一个扁平化的 IP 层交换网络。集群中每一个 Pod 都有自己独立的 IP 地址，Pod 与 Pod 之间不需要 NAT 即可以直接通过 IP 地址通信。不需要 NAT 的网络模型给 Kubernetes 提供了从虚拟机部署向容器化部署的迁移能力。在每个 Pod 一个 IP 的模型中，一个 Pod 即可以代表一个虚拟主机。常见的 CNI 插件有 Flannel、Calico 等。

2.1.3　Pod 与 Service

Service（服务）是 Kubernetes 中的重要概念。由于 Pod 在 Kubernetes 中是相对临时性的对象，如果想要追踪 Pod 的 IP 从而进行访问，则可能在创建和销毁 Pod 的过程中，服务由于 IP 地址变化而失效。当一个负载应用有多个可用 Pod 副本时，用户调用时可以使用其中任何一个。简而言之，服务访问应该与后端 Pod 解耦。

为了解决这个问题，Service 提供了对一组 Pod 的抽象。Service 通过选择规则，指定了自己代理的一组 Pod，同时 Kubernetes 维护 Pod 的状态，并把符合 Service 规则的 Pod 加入 Service 的 Endpoints 中。每个 Service 都有一个虚拟 IP，即 clusterIP，结合每个节点上运行的 kube-proxy，提供了对 Service 中 Endpoints 的负载均衡。

Kubernetes 为 Service 和 Pod 也创建了 DNS 记录，进而允许通过 DNS 名称而不是 IP 地址来访问 Service 和 Pod。Kubernetes 将 DNS 记录由 kubelet 分发至各个容器，进

而允许容器内的 DNS 访问。

2.2　Service Mesh 简介

本节首先对什么是 Service Mesh（服务网格）进行阐述，接着通过对比的方式介绍目前行业内主流 Service Mesh 框架的优势以及局限性，说明技术选型为 Istio 的主要原因；最后介绍 Istio 架构与核心功能。

2.2.1　Service Mesh 基本概念

Service Mesh 在 Kubernetes 基础之上，是实现智能微服务运维支撑环境的关键基础设施。它本质上是一个专门处理服务通信的基础设施层。它的职责是在由云原生应用组成服务的复杂拓扑结构下进行可靠的请求传送。作为一个完全可管理的服务到服务通信平台，Service Mesh 旨在标准化应用程序的运行时操作。作为微服务生态系统的一部分，Service Mesh 技术着重解决与微服务分布式通信相关的问题，如互操作性、流量分段、依赖控制、运行时执行等。Service Mesh 架构如图 2-2 所示。

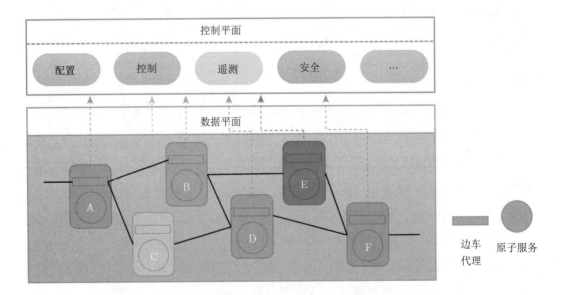

图 2-2　Service Mesh 架构图

Service Mesh 是一组和应用服务部署在一起的轻量级的网络代理，并且对应用服务透明。Service Mesh 由一堆紧挨着各项服务的用户代理，外加一组任务管理流程组成。代理在 Service Mesh 中被称为数据层或数据平面（data plane），管理流程被称为控制层或控制平面（control plane）。数据层截获不同服务之间的调用并对其进行"处理"；控制层协调代理的行为，并为运维人员提供 API，以操控和测量整个网络。

Service Mesh 是一个专用的基础设施层，旨在"在微服务架构中实现可靠、快速和安全的服务间调用"。它不是一个"服务"的网格，而是一个"代理"的网格，服务可以插入这个代理，从而使网络抽象化。在典型的 Service Mesh 中，这些代理作为一个 sidecar（边车）被注入到每个服务部署中。服务不直接通过网络调用服务，而是调用它们本地的 sidecar 代理，而 sidecar 代理又代表服务管理请求，从而封装了服务间通信的复杂性。相互连接的 sidecar 代理集实现了所谓的数据平面，这与用于配置代理和收集指标的 Service Mesh 组件（控制平面）形成对比。

总而言之，Service Mesh 的基础设施层主要分为两部分：控制平面与数据平面。

1）控制平面：它不直接处理微服务之间通信的数据包，只与控制平面中的代理通信，下发路由策略和相关配置。它通常提供 API 或者命令行工具，用于配置版本化管理，便于持续集成和部署，并负责网络行为的可视化。

2）数据平面：它直接处理每个 Pod 的入站和出站数据包，如转发、路由、健康检查、负载均衡、认证、鉴权、产生监控数据等。为了提高流量转发性能，它需要缓存一些数据。它对应用来说透明，即可以做到无感知部署。

2.2.2　主流 Service Mesh 框架

随着微服务数量的指数级增加，越来越多的厂商或云平台提供者开发了用于支撑 Service Mesh 的平台和框架。不仅 AWS、Airbnb 等厂商为自己的云环境开发了 Service Mesh 框架，许多公司也发布、开源了具有重大影响力的 Service Mesh 框架。例如，Kong 公司发布了号称"不仅仅为 Kubernetes 生态，而是通用服务网格"的 Kuma；HashiCorp 发布了功能强大的 Consul；Buoyant 发布了为 Kubernetes 设计的开源超轻量级 Service Mesh 框架 Linkerd2；以及由 Google、IBM、Lyft 共同开源的 Istio。

表 2-1 列举了多个 Service Mesh 框架的具体信息。

表 2-1　主流 Service Mesh 框架的对比

平台	数据平面	是否开源	活跃程度	主要优势	局限性
Istio	Envoy	是	活跃	社区庞大、迭代速度快、功能强大	配置较复杂
Linkerd2	linkerd-proxy/linkerd-init	是	活跃	稳定、CNCF 基金会支持、架构较简单、开箱即用	功能灵活性有一定局限性
Consul	Envoy	是	活跃	功能强大，数据平面代理有两个可用选项（内置代理或 Envoy）	架构复杂，高可用部署需要额外运维
Kuma	Envoy	是	活跃	社区活跃，乐于接收用户意见，迭代快速	功能有一定局限性
AWS App Mesh	Enovy	否	活跃	AWS 原生支持	迁移较为困难，多云环境支持有限
Airbnb Synapse	HAProxy/Nginx	是	不活跃	对服务的高可用有更多支持	功能特性有限

在上述所有 Service Mesh 框架中，在 Kubernetes 生态中大放异彩的主要是 Istio、Linkerd2 和 Consul，下面对这三者进行详细的阐述和比较。

1. Consul

Consul[4] 的控制平面提供了服务发现、配置和分段功能。其自带一个简单的内置代理作为数据平面，这个代理也可以替换为强大的第三方代理 Envoy。Consul 是一个分布式、高可用的系统，在 Kubernetes 集群上，Consul 的控制平面以 DaemonSet 的形式进行部署，保证在每个向 Consul 注册服务的节点上均运行一个 Consul Agent。Agent 分为两种角色：Consul Server 负责存储和复制关键数据，以高可用形式部署，并保证同一时间点只有一个 Leader 存在，一个主 Server 和多个从 Server 使用 Raft 协议进行数据的同步和持久化；Consul Client 负责服务的注册以及与 Server 之间请求的转发，每一个微服务向 Client 进行注册以加入 Consul，Client 本身是无状态的。对于数据平面，在 Kubernetes 系统之上，代理 Envoy 以 sidecar 形式注入每个服务，对服务本身透明。

Consul 基于以上架构，提供了以下能力：

❑ 服务发现：服务可以向 Consul 注册，以便让其余客户端发现自己。

❑ 健康检查：Consul Client 可以对部署的宿主节点以及节点上的服务进行健康检查，进一步控制流量的路由。

❑ KV 存储：基于 Server 的持久化存储，提供了对任意 Key-Value 的存储能力，可以存储动态配置、标记等。

❑ 安全服务通信：Consul 为服务生成和分发 TLS 证书，以建立安全的连接。

❑ 多数据中心：Consul 支持多数据中心和多集群之间的访问。

2. Linkerd2

Linkerd2[5] 的控制平面由多个组件组成：Controller 提供相关 API 服务，Destination 负责配置数据平面的代理规则，Identity 负责微服务之间的安全通信，Proxy Injector 作为 Kubernetes 的一个 Admission Control 负责向服务注入代理 sidecar。其数据平面由 linkerd-init 和 linkerd-proxy 两个模块组成，linkerd-init 配置 iptables，将服务的所有流量转发至 linkerd-proxy，linkerd-proxy 进一步使用控制平面配置的路由规则进行流量控制。

Linkerd2 基于以上架构，提供了以下能力：

❑ 安全服务通信：对服务的 TLS 证书进行自动配置，减少运维人员的工作量。

❑ 故障注入：可以在服务之间进行故障注入以测试系统的健壮性。

❑ 流量控制：对请求使用负载均衡、代理等手段。

❑ 跨集群通信。

3. Istio

Istio[6] 的控制平面叫作 Istiod，其中包含三大组件：Pilot 负责提供服务发现、路由流量管理等功能，是生成规则的核心组件；Citadel 负责内置的身份和证书管理；Galley 负责配置的验证、提取、处理和分发。数据平面为 sidecar 模式的 Envoy，控制服务之间的网络通信。Istio 的详细架构将在 2.2.3 节中详细介绍。

Istio 基于以上架构，主要提供了以下四种特性：

❑ 流量管理和访问策略实施：服务间的流量由 Istio 路由并操控，让调用更加可靠。通过对 Istio 的配置和管理来控制服务之间的访问策略，而不用再改变服务本身。

❑ 服务识别和安全：对服务进行动态服务发现、认证和授权。

❑ 良好的可观测性：使用延迟、流量、错误等信号生成服务指标，同时支持分布式追踪等强大能力。

❑ 强大的扩展性：可以使用 WebAssembly 相关沙盒技术扩展 Istio 的 Envoy 代理。

Istio、Consul 和 Linkerd2 三者有如下一些共同的特性：

❑ 支持服务间的 TLS 双向加密以及证书管理，在证书不再安全或出现问题时，可以更新或撤销证书。

❑ 支持 TCP、HTTP1、HTTP2 以及 gRPC 通信协议。

❑ 支持蓝绿发布，在用户无感知的情况下，以较快的升级或回滚速度完成软件到生产环境的发布。

❑ 支持故障注入，可以在不影响用户的情况下测试微服务应用程序的弹性。

❑ 与 Prometheus 结合，提供了强大而精确的监控系统。

Consul 与 Istio 相比，前者架构稍复杂一些。为实现 Consul Server 的高可用和数据同步，Consul 采用了 Raft 机制进行数据同步，这势必会带来一些运维的困难。在面对单点故障问题时，Istio、Consul 和 Linkerd2 均能很好应对，每个微服务中的 sidecar 代理与控制平面的连接不会出现问题。但是在面对这种情况时，由于 Consul Server 使用高可用模式部署，如果故障节点为 Server 节点，那么 Consul 构建的 Service Mesh 可能需要额外的运维管理。

Linkerd2 相较于 Istio 架构更简单轻量，开箱即用也为部署带来了许多便利，但是在一些功能和配置的灵活性上与后者相比稍有欠缺。对于微服务的限流和熔断，Linkerd2 并不能很好支持，在面对流量高峰的时候，处理和支持能力较弱。Istio 可以做到对多个集群配置使用运行在某个集群上的单个 Istio 控制平面，Linkerd2 的多集群部署能力在 2.10 版本中也得到了增强。

得益于完善的生态，在测试方面，Istio 有良好可用的混沌工程：测试人员可以配置微服务的延迟或配置请求中强制错误发生的百分比，通过人为注入故障的形式，测试系统的弹性。而 Linkerd2 在混沌工程上功能有限，Consul 缺少这部分的功能。

考虑以上情况，基于 Kubernetes 的大型微服务网络的构建选择 Istio 作为 Service Mesh 框架是不错的选择。

Istio 提供了一个完整的 Service Mesh 解决方案，以统一的方式管理和监测微服务应用，还具有管理流量、实施访问策略、收集数据等方面的能力。

2.2.3 Istio 架构组成与核心功能

1. 数据平面

Envoy 是 Istio 与数据平面流量交互的唯一组件，是使用 C++ 实现的高性能代理。Envoy 以 sidecar 形式注入每个微服务，微服务的所有出入流量均经过 Envoy Proxy 的处理。Istio Service Mesh 架构如图 2-3 所示，每一个微服务仅与 Envoy Proxy 进行通信，微服务流量通过 Envoy 进入数据平面，处理完毕后，也通过 Envoy 离开数据平面。

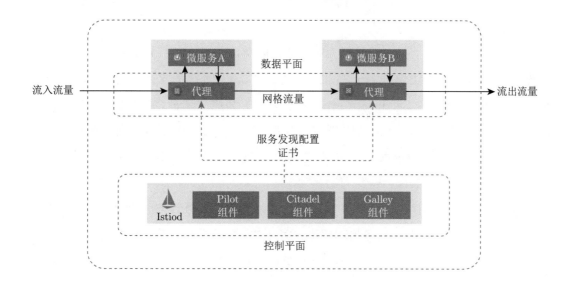

图 2-3 Istio Service Mesh 架构图

基于 Envoy 的基本功能，Istio 对其进行了强化和扩展：

- ❑ 在对服务本身流量处理方面，Envoy 不仅仅实现 HTTP/2、gRPC 等协议的代理，同时实现了负载均衡，以应对高并发的情况；实现了熔断机制以增强系统波动时的弹性；作为 TLS 终止代理，负责微服务流量 TLS 的建立和终止。
- ❑ 在服务的测试和运维方面，Envoy 对服务进行定期检查，同时详细地收集相应指标的数据；支持故障注入，人工模拟特定异常情况以进行测试；支持部署更新时流量的划分。
- ❑ 在全局方面，数据平面的 Envoy 配合控制平面，完成服务的动态发现。

Envoy 作为以 sidecar 形式部署的组件，其注入与创建对用户微服务透明，用户不需对代码进行修改和配置便可以直接使用。除此以外，Envoy 可以通过 WebAssembly 进行可插拔的配置，定制流量控制以及观测指标生成的方法。

2. 控制平面

Istio 的控制平面组件称为 Istiod，其由三大组件打包而成，分别是 Pilot、Galley 和 Citadel。在 Istio 1.5 版本之前，这三个组件作为三个独立的微服务在系统中运行，之后考虑到安装配置等运维问题，并为提高启动时间和资源占用率，在 1.5 版本中引入了 Istiod，并将三大组件合并打包至 Istiod，在保证迁移部署配置大致相同的情况下，创建了新的控制平面结构。

Istiod 通过 Pilot 将控制流量行为的规则转换为对 Envoy 的特定配置，并在运行时将其传入 sidecar。Pilot 还为 sidecar 提供了服务发现、智能路由的支持。Istiod 通过 Citadel 负责证书的管理，充当 Certificate Authority（CA）角色，保证了服务之间的安全访问以及用户的认证和鉴权。通过证书的自动生成和管理，开发人员可以使用 Istio 将未加密的流量和服务进行加密。Galley 负责 Istio 配置的验证、提取、处理和分发，从底层平台获取用户配置的功能同样由 Galley 提供。

通过以上架构和组织，Istio 提供了流量控制、安全、监控等方面的能力。它为微服务应用提供了一个较为完整的服务治理解决方案，以统一的方式管理和监测微服务。而这些能力几乎都是对业务代码透明的，不需要修改或者只需要少量修改就能实现。

2.3　基于 Service Mesh 的自适应微服务架构

智能微服务系统采用自适应微服务架构，基于 Kubernetes 集群搭建 Istio，构建 Service Mesh 进行微服务管理，提供基础功能。在此之上，结合强化学习等智能应用，实现微服务的故障检测、自动水平伸缩等智能功能。

本节主要介绍自适应微服务架构中 Istio 作为关键基础设施的原理、作用。首先从宏观上叙述 Istio 引导和控制网格中流量的框架和原理；之后以流量访问的路径步骤，依次叙述外部流量进入网格、在网格内进行负载均衡的原理和方法；最后从细节入手，讲述网格中流量的安全性以及网格的弹性和可靠性。

2.3.1　Istio 中的流量引导

在 2.2.3 节关于 Istio 架构的介绍中，说明了 Envoy 是数据平面的关键组件，其作为微服务业务容器的 sidecar 容器，代理所有的流量进行访问，从而让业务容器不直接与其他微服务交互。在控制平面中，Istiod 负责进行服务发现等全局配置，并将正确的配置写入每个微服务的 sidecar 容器中。

Istio 通过一系列 Kubernetes CRD，提供了配置 sidecar 容器中路由的方法。其中，作为 Istio 的核心 CRD，VirtualService（虚拟服务）和 DestinationRule（目标规则）同时也是配置流量引导的关键要素。

1. VirtualService

VirtualService 在 Istio 中定义了对特定目标服务的一组流量规则。

以一个简单 VirtualService 为例：

```yaml
apiVersion: networking.k8s.io/v1alpha3
kind: VirtualService
metadata:
  name: test
spec:
  hosts:
  - test
  http:
  - match:
    - headers:
        user:
          exact: admin
    route:
    - destination:
        host: test
        subset: v2
  - route:
    - destination:
        host: test
        subset: v1
```

该虚拟服务配置了对服务 test 的访问：如果在请求 Header 中 user 字段取值为 admin，那么将请求转发到 test 服务的后端 v2 版本；对于 user 取值为其他的情况，则将请求转发到 v1 版本。

这个简单的配置能够清晰说明 Istio 的能力和配置方法。

host 字段是服务调用方在连接和调用访问目标服务时使用的地址，即使用者通过 host 字段的 URL 或 IP 地址进行服务访问，Istio 后端也通过该字段进行 VirtualService 的识别。http 字段指明了 HTTP 路由的配置，在例子中，会使用 HTTP 请求 Header 中的 user 字段进行识别，并将流量引导到不同版本的服务。对于 Kubernetes 平台来说，destination 也指 Kubernetes 平台中对应的 service 域名。

除了例子中的 HTTP 路由之外，在 VirtualService 中同样可以定义对 HTTPS（TLS）、TCP 的路由方法。

VirtualService 有如下两个能力：

1）通过单个 VirtualService 处理多个应用程序服务：在基于 Kubernetes 构建的网格中，可以配置一个 VirtualService 处理特定命名空间中的所有服务。映射单一的虚拟服务到多个"真实"服务，可以在不需要客户适应转换的情况下，将单体应用转换为微服务构建的复合应用系统。路由规则可以指定为通过调用者访问 URL 的后缀进行区分。

2）动态灵活配置复杂路由规则：使用 VirtualService 进行路由匹配时，规则从上到下进行匹配，只要符合，那么流量就会进行转发。在 VirtualService 中，可以方便地调整路由匹配规则的顺序，或者进行复杂路由规则的组合。

2. DestinationRule

与 VirtualService 一样，DestinationRule 也是 Istio 流量路由功能的关键部分。VirtualService 可以配置流量如何路由到给定目标地址，然后使用 DestinationRule 来配置该目标地址的流量。在评估 VirtualService 路由规则之后，DestinationRule 将应用于流量的"真实"目标地址。

特别是，DestinationRule 可以用来指定命名的服务子集，如按版本为所有给定服务的实例分组，然后可以在 VirtualService 的路由规则中使用这些服务子集来控制到服务不同实例的流量。DestinationRule 还可以在调用整个目的服务或特定服务子集时定制 Envoy 的流量策略，比如负载均衡模型、TLS 安全模式或熔断设置。

```
apiVersion: networking.istio.io/v1alpha3
kind: DestinationRule
```

```
metadata:
  name: test-destination-rule
spec:
  host: test
  trafficPolicy:
    loadBalancer:
      simple: RANDOM
  subsets:
  - name: v1
    labels:
      version: v1
  - name: v2
    labels:
      version: v2
    trafficPolicy:
      loadBalancer:
        simple: ROUND_ROBIN
```

上一节的 VirtualService 将流量引导到 v1 和 v2 两个不同的 subset，而上面的例子对每个 subset 进行了准确定义：使用 labels 找到对应的 Kubernetes Deployment 或 Pod。

2.3.2　平台的入口网关

微服务自适应平台的入口网关主要包括 Kubernetes Ingress、Istio Gateway 和 API Gateway 三种。外部流量进入 Service Mesh 的架构如图 2-4 所示。

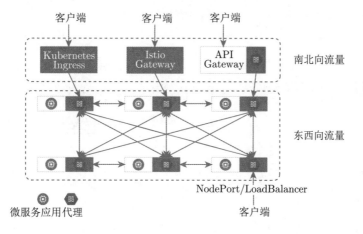

图 2-4　平台流量架构图

图 2-4 中下方虚线框中表示的是 Istio Service Mesh，其中的流量属于集群内部（东西向）流量，而客户端访问 Kubernetes 集群内服务的流量属于外部（南北向）流量。外部流量入口及功能见表 2-2。

表 2-2　外部流量入口及功能

方式	控制器	功能
NodePort/LoadBalancer	Kubernetes	负载均衡
Kubernetes Ingress	Ingress Controller	负载均衡、TLS、虚拟主机、流量路由
Istio Gateway	Istio	负载均衡、TLS、虚拟主机、高级流量路由、其他 Istio 的高级功能
API Gateway	API Gateway	负载均衡、TLS、虚拟主机、流量路由、API 生命周期管理、权限认证、数据聚合、账单和速率限制

1. Kubernetes Ingress

Kubernetes 集群之外的客户端是无法直接访问工作负载的 IP 地址的，因为工作负载处于 Kubernetes 内置的一个网络平面中。我们可以将 Kubernetes 内的服务以 NodePort 或者 LoadBalancer 的方式暴露到集群以外。同时为了支持虚拟主机、隐藏和节省 IP 地址，可以使用 Ingress 来暴露 Kubernetes 中的服务。Kubernetes Ingress 原理如图 2-5 所示。

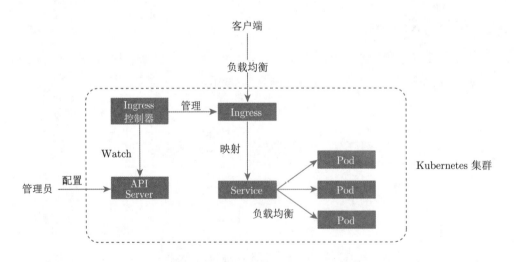

图 2-5　Kubernetes Ingress 原理示意图

简单地说，Ingress 就是从 Kubernetes 集群外访问集群的入口，将用户的 URL 请求转发到不同的服务上。Ingress 相当于 Nginx、Apache 等负载均衡方向代理服务器，其中还包括规则定义，即 URL 的路由信息，路由信息的刷新由 Ingress 控制器来提供。

```
apiVersion: networking.k8s.io/v1beta1
kind: Ingress
metadata:
  annotations:
    kubernetes.io/ingress.class: istio
  name: ingress
spec:
  rules:
  - host: httpbin.example.com
    http:
      paths:
      - path: /status/*
        backend:
          serviceName: httpbin
          servicePort: 8000
```

上面例子中的"kubernetes.io/ingress.class:istio"表明该 Ingress 使用的是 Istio Ingress 控制器。

2. Istio Gateway

Istio 0.8 以前的版本使用 Kubernetes Ingress 作为流量入口，其中使用 Envoy 作为 Ingress 控制器。在 Istio 0.8 及以后的版本中，Istio 创建了 Gateway 对象。Gateway 和 VirtualService 用于表示 Istio Ingress 的配置模型，Istio Ingress 的缺省实现则采用了与 sidecar 相同的 Envoy 代理。通过该方式，Istio 控制面用一致的配置模型同时控制了入口网关和内部的 sidecar 代理。这些配置包括路由规则、策略检查、遥测收集以及其他服务管控功能。

Istio Gateway 的功能与 Kubernetes Ingress 类似，它负责进出集群的南北向流量。Istio Gateway 描述了一个负载均衡器，用于承载进出 Service Mesh 边缘的连接。该规范描述了一组开放端口和这些端口所使用的协议，以及用于负载均衡的 SNI 配置等。

Istio Gateway 资源本身只能配置 L4~L6 的功能，如暴露的端口、TLS 设置等；但 Gateway 可与 VirtualService 绑定，在 VirtualService 中可以配置七层路由规则，如按比例和版本的流量路由、故障注入、HTTP 重定向、HTTP 重写等所有网格内部支持的路由规则。

```
apiVersion: networking.istio.io/v1alpha3
kind: Gateway
metadata:
  name: httpbin-gateway
spec:
  selector:
    istio: ingressgateway
  servers:
  - port:
      number: 80
      name: http
      protocol: HTTP
    hosts:
    - "httpbin.example.com"
```

上面的 Gateway 设置了一个代理，其暴露 80 端口，作为负载均衡器。该 Gateway 将应用于标签为"istio: ingressgateway"的 Pod 之上，这相当于给 Kubernetes 敞开了一个外部访问的入口。这与使用 Kubernetes Ingress 最大的区别就是，需要我们手动将 VirtualService 与 Gateway 绑定。

3. API Gateway

API Gateway 是位于客户端和后端服务之间的 API 管理工具，是一种将客户端接口与后端实现分离的方式，在微服务中得到了广泛的应用。当客户端发出请求时，API Gateway 会将其分解为多个请求，然后将它们路由到正确的位置，生成响应并跟踪所有内容。

API Gateway 是微服务架构体系中的一类特殊服务，它是所有微服务的入口，它的职责是执行路由请求、协议转换、聚合数据、认证、限流、熔断等。大多数企业 API 都是通过 API Gateway 部署的。API Gateway 通常会处理跨 API 服务系统的常见任务，如用户身份验证、速率限制和统计信息。

在网格中可以有一个或多个 API Gateway，其职责如下：

❑ 请求路由和版本控制。

❑ 方便单体应用到微服务的过渡。

❑ 权限认证。

❑ 数据聚合：监控和计费。

❑ 协议转换。

2.3.3　多粒度负载均衡

在 Istio 和 Kubernetes 的配合下，可以对平台中的流量进行高效的管理，当平台中流量较大时，可以提供不同层次的负载均衡以保证服务质量。本节首先介绍负载均衡的工作原理，之后介绍 Kubernetes 和 Istio 提供负载均衡的方式。

1. 负载均衡的工作原理

服务适配集成平台通过四层负载均衡和七层负载均衡两种方式支持微服务应用的负载均衡。四层负载均衡器通常工作在集群外部，负责将流量转发到 Pod 端口。四层负载均衡器允许转发 TCP 流量，其通过两种模式来实现外部负载均衡：

1）L2 模式：在任何以太网环境下均可使用该模式。当在第二层工作时，将由一台机器获得 IP 地址（即服务的所有权），然后使用标准的地址发现协议（对于 IPv4 是 ARP，对于 IPv6 是 NDP）宣告 IP 地址，使 IP 在本地网络中可达。从局域网的角度来看，仅仅是某个节点多配置了一个 IP 地址。在 L2 模式下，服务的入口流量全部经由单个节点，然后该节点的平台代理会把流量再转发给服务的 Pod。此外，四层负载均衡器提供了故障转移功能，如果持有 IP 的节点出现故障，则默认 10 秒后即发生故障转移，IP 被分配给其他健康的节点。

2）BGP 模式：当在第三层工作时，集群中所有机器都与控制的最接近的路由器建立 BGP 会话，从而让路由器能学习到如何转发针对集成平台服务 IP 的数据报。通过使用 BGP，可以实现真正的跨多节点负载均衡，还可以基于 BGP 的策略机制实现细粒度的流量控制。

四层负载均衡器存在以下局限：负载均衡器的每个实例只能处理一个 IP 地址。如果在集群中运行多个服务，则每个服务都必须具有一个负载均衡器，而为每个服务都配备一个负载均衡器成本高昂。

七层负载均衡器可弥补四层负载均衡器的缺陷，七层负载均衡器（或 Ingress 规则）支持基于主机和路径的负载均衡以及 SSL 终止。七层负载均衡器仅转发 HTTP 和 HTTPS 通信，因此它们仅侦听端口 80 和 443。集群内的服务和 Pod 仅有集群内互相访问的 IP 地址，只能实现集群内部之间的通信。Ingress 为集群内的所有服务提供了外网访问的入口，允许用户通过外网访问集群内的服务。

Ingress 规则如下：提供服务外部访问的 URL、负载均衡、SSL 和提供基于主机和路径的路由。将 Ingress 用作集群的入口点时，Ingress 可以更灵活地将流量路由到多个服务。它可以将多个 HTTP 请求映射到服务，而无须为每个服务使用单独的 IP 地址。因此，如果要使用相同的 IP 地址、相同的第七层协议、相同的端口公开多个服务（如 80 和 443 端口），则可以使用 Ingress。Ingress 与一个或多个 Ingress 控制器配合使用完成动态路由服务请求。当 Ingress 收到请求时，集群中的 Ingress 控制器根据配置的服务子域或路径规则将请求定向到正确的服务。

2. Kubernetes 负载均衡

在 Kubernetes 集群中，负载均衡主要通过 Service 和组件 kube-proxy 实现。

Kubernetes 通过为 Service 创建同名的 Endpoints 来存储该 Service 下 Pod 的 IP，以便对 Service 的访问可以找到相应的后端。运行在每个节点的 kube-proxy 监听到 Service 和 Endpoints 的变化之后，会在节点上创建 iptables 或 IPVS 规则，用于集群内部的访问。

在 kube-proxy 创建的路由规则链中，对于相同 Service 的每个后端，均会设置权重，结合 iptables 的模式，以对应概率匹配每个后端，从而实现负载均衡。

3. Istio Service Mesh 负载均衡

如图 2-6 所示，在网格中的服务可以互相使用 DNS。所有 HTTP 请求都会通过 Envoy 并实现自动路由。Envoy 在负载均衡池里选择并服务请求。Envoy 支持复杂的负载均衡算法，Istio 允许四种方式：轮询、随机、权重和最少请求。

轮询是默认的选择方式；随机指以随机方式选取负载均衡池中的实例；权重方式根据指定的百分比将流量转发到对应的实例；最少请求方式在每次转发流量时，会选择被访问最少的实例。

为了负载均衡，Envoy 周期性地检查池里面的每个实例的健康状态。Envoy 允许断路器按照规则对实例进行分类，基于健康检查 API 返回的失败率判定实例健康与否。当大量的检查失败超过了规定的界限时，实例将被从负载均衡池里面剔除。同样，当健康检查再次成功时，这个实例就会被重新加入负载均衡池。

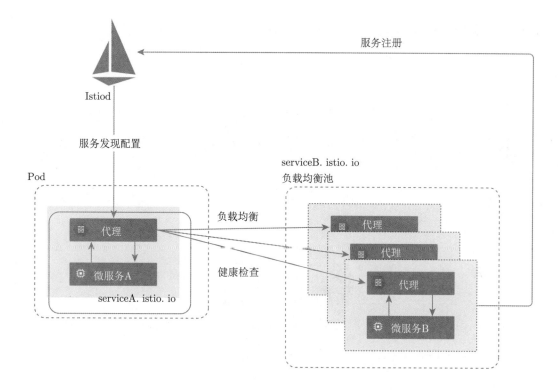

图 2-6　Istio Service Mesh 负载均衡

2.3.4　Service Mesh 的安全管理

将单一应用程序分解为微服务可提供各种好处，包括更好的灵活性、可伸缩性以及服务复用的能力。但是，微服务也有特殊的安全需求：为了抵御中间人攻击，需要流量加密；为了提供灵活的服务访问控制，需要双向 TLS 和细粒度的访问策略。

1. Service Mesh 安全架构

Istio 中的安全性涉及多个组件：

❏ 用于密钥和证书管理的证书颁发机构（CA）。

❏ 将配置的 API 服务器分发给代理：认证策略、授权策略等。

❏ sidecar 和边缘代理作为 Policy Enforcement Points（PEP）以保护客户端和服务器之间的通信安全。

❏ 一组 Envoy 代理扩展，用于管理遥测和审计。

控制平面处理来自 API Server 的配置，并且在数据平面中配置 PEP。PEP 用 Envoy

实现。图 2-7 所示为 Istio Service Mesh 安全架构。

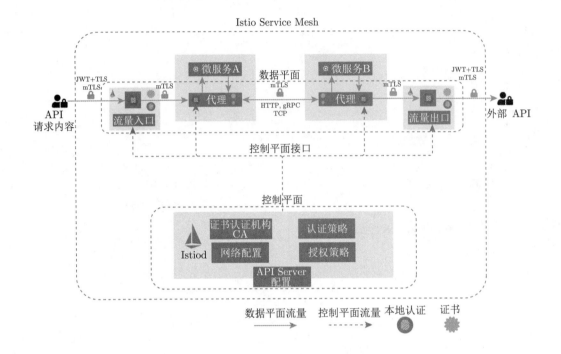

图 2-7　Istio Service Mesh 安全架构

2. Service Mesh 的安全功能

在访问控制方面，可以为 HTTP 流量或 TCP 负载设置访问控制。

在证书方面，通过根证书、签名证书和密钥来配置 Istio 的 CA，可以提高证书管理的能力。在默认情况下，基于 Istio 的自适应微服务平台会跟踪迁移到 Istio 代理的服务器工作负载并配置客户端代理，将双向 TLS 流量自动发送到这些工作负载，并将 plain-text 流量发送到没有 sidecar 的工作负载。因此，运维人员无须做额外操作，具有代理的工作负载之间的所有流量即可启用双向 TLS。运维人员也可以通过额外配置，对特定的 namespace 或特定的负载启用双向 TLS。

2.3.5　平台的弹性和可靠性

本节主要描述基于 Service Mesh 的自适应平台的弹性和可靠性，介绍基于 Istio 的超时、重试和熔断机制对平台弹性的保障，以及基于 Istio 故障注入测试平台可靠性的方法。

（1）超时与重试

超时是 Envoy 代理等待来自给定服务的答复的时间量，以确保服务不会因为等待答复而无限期地挂起，并在可预测的时间范围内调用成功或失败。超时太长可能会由于等待失败服务的回复而导致过度的延迟；超时过短则可能在等待涉及多个服务返回的操作时触发不必要的失败。

如果重试设置指定初始调用失败，Envoy 代理尝试连接服务的最大次数。通过确保调用不会因为临时过载的服务或网络等问题而永久失败，重试可以提高服务可用性和应用程序的性能。

结合 Istio 中的 VirtualService，可以按服务轻松地动态调整超时和重试属性。

（2）熔断器

基于 Istio 的熔断器可以设置一个对服务中的单个主机调用的限制，如并发连接的数量或对该主机调用失败的次数。一旦限制被触发，熔断器就会"跳闸"并停止连接到该主机。使用熔断模式可以快速失败而不必让客户端尝试连接到过载或有故障的主机。

（3）故障注入

平台弹性测试主要通过 Istio 故障注入进行。故障注入是一种将错误引入待测系统，以确保系统能够承受并从错误条件中恢复的测试方法。通过 Istio 的 VirtualService 配置可以注入延迟和终止这两种系统故障，实现平台的弹性测试。延迟故障是通过模拟在网络通信上增加时间延迟，或者引入一个超载的上游服务，推迟服务调用完成的时间；终止故障则是通过模仿上游服务的失败，使得下游服务的调用出现 HTTP 错误或者 TCP 连接失败等，以测试其对下游服务的影响。

2.4　Service Mesh 的应用场景与案例

本节以经典应用 Bookinfo[7] 为例，对前文叙述的 Istio 功能和原理加以说明。

2.4.1　Bookinfo 架构和功能

Bookinfo 是一个展示书籍信息的简单应用，保存书籍的分类和详细信息，书籍介绍页面上会显示本书的描述、书籍的细节（ISBN、页数等），以及关于这本书的一些评论。

Bookinfo 应用由如下四个单独的微服务组成：

❑ productpage 微服务会调用 details 和 reviews 两个微服务，用来生成页面。

❑ details 微服务中包含了书籍的信息。

❑ reviews 微服务中包含了书籍的相关评论。它还会调用 ratings 微服务。

❑ ratings 微服务中包含了由书籍评价组成的评级信息。

reviews 微服务有 3 个版本：

❑ v1 版本不会调用 ratings 服务。

❑ v2 版本会调用 ratings 服务，并使用 1~5 个黑色星形图标来显示评分信息。

❑ v3 版本会调用 ratings 服务，并使用 1~5 个红色星形图标来显示评分信息。

Bookinfo 应用架构如图 2-8 所示。

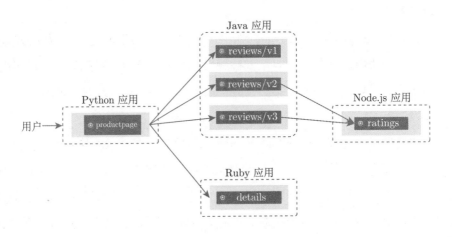

图 2-8　Bookinfo 应用架构图

2.4.2　sidecar 容器注入

在 2.2.3 节中说明了 Istio 的数据平面的核心是 Envoy 代理，容器流量的出入均由 Envoy 管理。为了通过 Istio 对 Bookinfo 的流量进行管理，需要将 Bookinfo 所在命名空间的 istio-injection 标签设置为 enable，配置完成后，Istio 会使用 webhook 向该命名空间中创建的 Pod 注入包含 Envoy 的 sidecar。

观察 productpage 微服务所对应的 Pod 在 Kubernetes 集群中实际创建时的配置，可以发现除了真正的业务容器外，同时存在注入的一个 istio-proxy 容器和一个 initContainers，部分配置如下：

```
containers:
- name: istio-proxy
  image: rancher/mirrored-istio-proxyv2:1.11.4
  imagePullPolicy: IfNotPresent
  ports:
  - containerPort: 15090
    name: http-envoy-prom
    protocol: TCP

initContainers:
- name: istio-init
  image: rancher/mirrored-istio-proxyv2:1.11.4
  imagePullPolicy: IfNotPresent
  args:
  - istio-iptables
  - -p
  - "15001"
  - -z
  - "15006"
  - -u
  - "1337"
  - -m
  - REDIRECT
  - -i
  - '*'
  - -x
  - ""
  - -b
  - '*'
  - -d
  - 15090,15021,15020
```

在这个配置中，可以非常清楚地看出：名为 istio-init 的 initContainers 在主要容器启动之前运行，其通过 istio-iptables 配置该 Pod 的网络命名空间，将所有业务容器向外的流量路由至 istio-proxy 容器的相关端口。流量进入 istio-proxy 容器并进行相应的处理后，进行转发。

2.4.3　Bookinfo 应用的流量引导

2.3.1 节说明了 Istio 引导流量的两个核心资源为 VirtualService 和 DestinationRule。为引导 Bookinfo 应用的流量，对其所有微服务（包括 productpage、details、ratings，以及三个版本的 reviews）创建 DestinationRule。以包含最多版本的 reviews 微服务为例，其配置如下：

```
apiVersion: networking.istio.io/v1alpha3
kind: DestinationRule
metadata:
  name: reviews
spec:
  host: reviews
  subsets:
  - name: v1
    labels:
      version: v1
  - name: v2
    labels:
      version: v2
  - name: v3
    labels:
      version: v3
```

在配置中，我们可以看出该 DestinationRule 匹配主机名为 reviews 的请求，并将 reviews 微服务通过标签划分为 3 个子集，分别对应不同的版本。

接下来，需要对每个微服务创建引导流量的 VirtualService，在这里我们配置基于用户身份的路由策略。当特定用户访问 reviews 服务时，会匹配特定的路由策略。以对 reviews 创建的 VirtualService 为例：

```
apiVersion: networking.istio.io/v1alpha3
kind: VirtualService
metadata:
  name: reviews
spec:
  hosts:
    - reviews
```

```
http:
- match:
  - headers:
      end-user:
        exact: jason
  route:
  - destination:
      host: reviews
      subset: v2
- route:
  - destination:
      host: reviews
      subset: v1
    weight: 50
  - destination:
      host: reviews
      subset: v3
    weight: 50
```

在这个配置中，我们首先可以看到其匹配的主机名为 reviews，并且包含一个特定路由规则和一个默认路由规则：

❑ 对于特定路由规则，其会匹配 HTTP 请求头中的 end-user 字段，如果其值为特定用户名（即 jason），那么会将流量引导至 reviews v2 版本对应的 DestinationRule。

❑ 对于其他默认情况，会将流量的 50% 引导至 reviews v1 版本对应的 DestinationRule，50% 引导至 reviews v3 版本对应的 DestinationRule。

2.4.4　注入故障至 Bookinfo 应用

2.3.5 节表明 Istio 可以为微服务注入故障，我们可以为上一小节中 reviews 的虚拟服务注入访问延迟，如下：

```
apiVersion: networking.istio.io/v1alpha3
kind: VirtualService
metadata:
  name: reviews
spec:
  hosts:
```

```
    - reviews
http:
- fault:
  delay:
    fixedDelay: 7s
    percentage:
      value: 100
  match:
  - headers:
      end-user:
        exact: jason
  route:
  - destination:
      host: reviews
      subset: v2
- route:
  - destination:
      host: reviews
      subset: v1
    weight: 50
  - destination:
      host: reviews
      subset: v3
    weight: 50
```

其中 fixedDelay 字段用于设置延迟的时间，value 字段用于定义该故障影响访问的百分比，与上一小节的正常情况相比，在匹配特定用户情况下，会为 reviews 服务的访问注入 7 秒的延迟。

2.5 本章小结

本章详细介绍了智能微服务平台的支撑环境，以 Kubernetes 和 Istio 为核心的基础平台对容器化的部署方式提供了强大支持，也为微服务的智能运维提供了前提条件。对于聚合器模式、API 网关模式、链式微服务模式、异步消息传递模式、服务共享数据库模式、分支模式、命令查询职责分离器模式、断路器模式以及分解设计模式，均能提供良好支持，保障对应模式应用的可靠运行。该基础平台是微服务智能化运维和智能化微服务生命周期管理的基石。

第 3 章　*Chapter 3*

智能微服务的分析与设计

在当前信息剧增的时代，企业每天都会产生大量的需求与数据信息。在此背景下，微服务应用领域主要面临以下问题：面对业务人员的各种复杂需求，如何从海量的服务集合中匹配符合的功能，并基于此成功运行？因此，如何有效解决此需求便成为当今主要的讨论话题。基于此，智能化的微服务分析与设计技术能够提供便捷的渠道，可以有效地分析用户的即时需求，并为之设计逻辑完整的业务流程，从而让企业人员更专注于业务本身，提高企业的生产效率。

本章主要分析智能服务适配分析阶段的问题，并介绍当前的主流技术与方案。

3.1　服务分析与设计框架

本节主要介绍 1.2.3 节中智能微服务适配计算框架的设计开发阶段，包括服务供给和需求的适配、服务适配组合。如图 3-1 所示，该框架主要通过服务需求建模、服务语义建模、服务适配组合三部分功能，把用户具体的业务服务需求与系统中所具备的微服务能力进行智能对接，生成可执行的微服务流程。其中，服务需求建模负责把用户需求映射到服务适配过程模型中，服务语义建模负责实现微服务语义信息的提取与分析，而服务适配组合支撑智能化的服务发现、推荐、组合、定制和部署执行的全周期适配，支撑交互式智能服务流程适配。

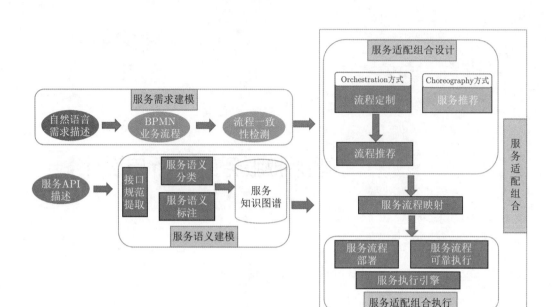

图 3-1   服务需求与服务流程的功能匹配框架

3.2   服务需求建模

在智能微服务系统的设计阶段，首先应根据用户需求建立相应的业务流程，这一过程称为服务需求建模。传统的服务需求建模方法需要耗费大量人力，而人工智能技术的出现为提高服务需求建模的效率提供了强有力的帮助。需求建模的主要任务包含文本自动生成BPMN 流程图、文本需求理解以及需求和流程图一致性检测。随着 Word2Vec 的提出，词向量被表示为机器能处理的形式，循环神经网络及其变体等深度学习模型能够广泛应用于需求建模[8]。各地的研究者不断提出各种融合了智能技术的服务需求建模方法。在文本自动生成 BPMN 流程图方面，Fabian Friedrich 等人构建基于规则的生成器，能够从自然语言中自动生成流程图[9]。在需求语义理解任务中，研究人员使用 CNN、RNN 和 LSTM 等模型做领域和意图分类[10]。在需求和流程图一致性检测方面，Ferreres 等人使用整数规划来衡量文本和流程图的一致性[11]；但该方法需要较多特定领域的对齐规则和评估指标，使得方法的泛化性和适应性较弱。

尽管需求建模相关技术的研究层出不穷，但缺乏对相关智能工具的系统性归纳，这阻碍了需求建模技术在各行各业的进一步推广。本节首先介绍什么是业务流程建模语言，随后具体介绍服务需求建模的核心工具，包括基于自然语言处理的业务流程建模工具和业务流程一致性检测工具。

3.2.1　业务流程建模语言

业务流程模型是工作流程实施、优化的基础，它能够帮助服务业高效运转，对各行各业有着重要的作用。目前最广泛使用的业务流程建模语言是 BPMN。BPMN 最初由 Business Process Modeling Initiative 于 2004 年作为图形符号发布，用于表示业务流程的图形布局。2006 年 BPMN 被采纳为 OMG 标准，成为业务流程建模的标准语言。BPMN 通过使用简单的图形符号将业务流程转化为可视化图形，让复杂的建模过程变得可视化，降低了流程建模的复杂程度。采用 BPMN 描述的业务流程，能够使相关方（包括创造者、使用者和监督者）对其有更加清晰的了解。BPMN 在业务流程设计与流程实现之间搭建起一座标准化的桥梁，扮演着促进业务流程设计和实施相关人员相互沟通交流的角色。BPMN 为绘制流程初稿的业务分析师、负责实际实施的技术开发人员、部署和监控的业务人员提供了统一的符号描述体系。

一个 BPMN 业务流程主要由以下几个部分组成：事件（Event）、网关（Gateway）、活动（Activity）。事件用来表明在流程的生命周期中所发生的事情。网关决定路径的分支、分叉、合并和连接。活动是使用业务流程的公司或组织所执行的工作，它是业务流程定义的核心元素。下面详细介绍这几个概念，并给出 BPMN 流程的例子。

1. 事件

事件总是画成一个圆圈。在 BPMN2 中事件有两大分类：

1）捕获（Catching）事件。当流程执行到该事件时，它会中断执行，等待被触发。

2）抛出（Throwing）事件。当流程执行到该事件时，抛出一个结果。

一个简单的事件流程如图 3-2 所示。

2. 网关

网关是 BPMN2 规范中的流程定义元素，用来控制流程的执行流向。常用网关可分为排他网关（XOR）、并行网关（AND）和包容网关（OR），其他一些业务流程网关元素见表 3-1。

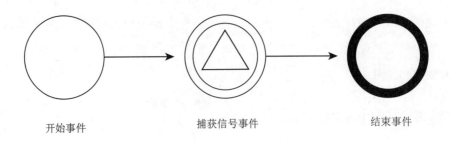

开始事件　　　　　　　　捕获信号事件　　　　　　　结束事件

图 3-2　BPMN 事件的图形表示

表 3-1　BPMN 网关的图形表示和语义

BPMN 网关元素	名称	说明
X	排他网关	排他网关定义了一组分支的唯一决策，所有流出的分支被顺序评估，第一个条件被评估为 true 的分支将被执行，并不再继续评估下面的分支
+	并行网关	并行网关根据前置连线或后继连线，创建分支或汇聚分支
O	包容网关	包容网关是排他网关和并行网关的综合体。与排他网关所不同的是，所有条件为 true 的后继分支都会被执行
✳	复杂网关	复杂网关允许根据特定业务场景，自定义路径拆分
⬠	事件网关	仅适用于对后继路径拆分，该网关选择事件最先到达的路径，取消其他分支

3. 活动

活动是业务流程定义的核心元素，还可称为节点、步骤。一个活动可以是流程中的一个基本处理单元（如人工任务、服务任务），也可以是一个组合单元（如外部子流程、嵌套子流程）。常见业务流程活动元素见表 3-2。

表 3-2　BPMN 活动的图形表示和语义

BPMN 活动元素	名称	说明
	人工任务	人工任务是一个典型的工作流，需要人的参与
	系统任务	系统任务可以执行内部或外部服务
	脚本任务	脚本任务能够执行指定的程序脚本
	调用子流程	调用外部流程，该流程实例全部结束后，任务执行完成
	手工任务	手工任务主要用于完善流程结构描述，不被引擎执行

4. 其他 BPMN 基础元素：泳道、文本注释、组

泳道（Swimlane）包含池（Pool）和通道（Lane），池和通道用来定义 BPMN 中涉及多个参与主体的并发和协同结构。池是协作中参与者的图形表示，池最多包含一个业务流程，意味着必须在两个不同的池中对两个进程进行建模。一个池要么具有内部详细信息，以将要执行的进程的形式显示，要么可能没有内部细节，作为一个"黑匣子"来定义。通道是池中的一个子分区，用于活动的组织和分类。文本注释（Text Annotation）是一个帮助建模者给图形元素增加额外文本说明的机制。组（Group）是一种在图表上直观显示对象类别的方式，这种分组不影响组内的序列流。

5. 旅行规划业务流程

下面以旅行规划为例介绍 BPMN 模型。旅行规划业务流程是为旅行服务网站向客户推荐信息和日程规划而设计的，该流程可分为获取信息阶段和推荐内容阶段。在获取信息

阶段，系统需要获取用户的出发城市、目的城市、出发日期等信息，并查询相关航班。在推荐内容阶段，系统需要根据所获取的用户信息推荐相应的内容，包括推荐目的地旅馆、推荐目的地餐馆、推荐目的地景点。图 3-3 为描述这一业务流程的 BPMN 图，其中使用了事件、网关、活动等基本元素。

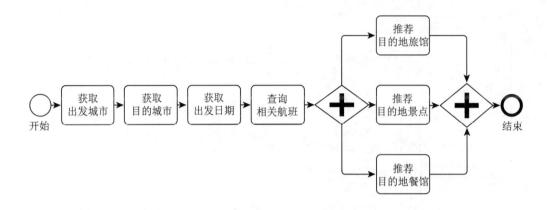

图 3-3　旅行规划 BPMN 流程

3.2.2　基于自然语言处理的业务流程建模

通常，关于企业行政流程和工作流程的信息以文本文档或人类知识的形式存在，从技术文档或人类口头描述中提取流程模型是一项耗时耗力的任务。而企业需要经常更迭业务，必须时常更新其流程模型。针对这一问题，近年来已经提出了多种自动业务流程模型生成方法。使用高效的流程生成工具有助于模型和文档的维护，对于企业的管理和发展有着深刻的意义。此外，非专业人士也能够根据自己的需求建立相应的业务流程模型。

本节介绍基于自然语言处理的业务流程模型自动生成方法，这种方法可以从自然语言描述中提取流程信息，自动生成 BPMN 模型：首先对给定自然文本进行句法分析，并提取主语–谓语–宾语，随后将该结构转换为流程活动，最后将其转换为 BPMN 过程模型。该方法能够过滤掉不必要的"主语–谓语–宾语"结构，并将其转换为有效的活动名称，具体步骤如下：

❑ 参与者提取：分析给定描述中的句子，提取有关正在进行的可能参与者（执行任务的人员、系统或组织）的信息。

❑ 主谓宾构造抽取：分析给定需求描述和句子结构，以寻找基本的主谓宾构造，随后将其用于创建适当的 BPMN 元素。

❑ 网关关键字搜索：通过分析过程描述，搜索表示条件网关和并行网关等各类网关的关键字。

❑ 中间过程模型生成：从获取的数据中创建基于电子表格的结构化中间模型。

❑ BPMN 模型生成：由中间过程模型生成 BPMN 模型，即 BPMN 业务流程图。

由上述步骤可知，需要实现如下模块：参与者提取模块、主谓宾构造抽取模块、网关关键字搜索模块、中间过程模型生成模块、BPMN 模型生成模块。

❑ 参与者提取模块：分析需求描述的每个句子，搜索描述参与者的词语。该过程分为三个部分：分析句子以寻找特定的依存关系；在句子中搜索连词依存关系，分析各个参与者之间的关系；使用语义分析来确定所提取的单词是否可以用作过程的参与者。

❑ 主谓宾构造抽取模块：从句子中提取出参与者之后，进行语法分析以寻找“主语–谓语–宾语”结构。这些结构用于生成中间过程模型。

❑ 网关关键字搜索模块：在提取出参与者和“主语–谓语–宾语”结构之后，对描述进行再次分析，以找到表明可能存在网关的关键词。此模块搜索各种不同类型的关键字，根据搜索结果可以将其转换为排他网关、包容网关、并行网关等。如果未找到对应关系，则将“主语–谓语–宾语”结构视为简单活动。

❑ 中间过程模型生成模块：对文本描述提取到相关信息后，需要构建中间过程模型将信息结构化。使用基于电子表格的流程描述，该描述采用 CSV（逗号分隔值）文件格式来表示业务流程模型。每行代表一个阶段，可以将其转换为 BPMN 任务或子流程。

❑ BPMN 模型生成模块：中间过程模型包含了生成 BPMN 所需要的所有信息，介于结构化的信息描述，结合 BPMN 编辑器便能够直接生成 BPMN 模型。

基于本书介绍的模块，能够由自然语言描述生成 BPMN 模型，下面举例介绍其效果。

例 1　计算机维修流程描述：客户带来一台有缺陷的计算机，工作人员检查缺陷并告知维修成本。如果客户认为成本可以接受，则继续该过程，否则他将未修理的计算机带回家。

由上述自然语言流程描述生成 BPMN 模型，如图 3-4 所示。

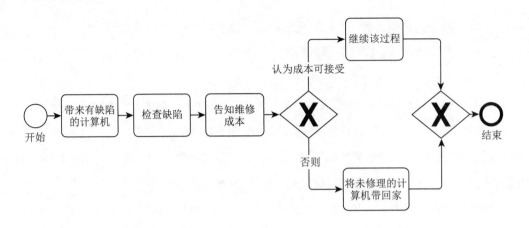

图 3-4　计算机维修流程 BPMN

例 2　自行车订单处理流程描述：当销售部门收到订单时，创建一个新的流程实例。如果销售部门的成员拒绝订单，则告知客户，给用户送优惠券。否则告知仓库和工程部门，仓库立即检查订单所需零件数量，工程部门组装自行车，销售部门将自行车送到客户处并完成流程实例。

由上述自然语言流程描述生成 BPMN 模型，如图 3-5 所示。

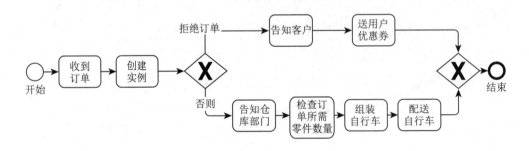

图 3-5　自行车订单处理流程 BPMN

3.2.3　BPMN 业务流程一致性检测

使用图形对流程信息进行描述更有利于从全局的视角分析流程的复杂执行逻辑，因此许多组织常常用图形来定义其流程信息，如审批流程或工艺流程。但对于一些相关人员，尤其是实际执行流程的工人，他们在阅读和解释流程图表方面存在困难，更希望使用文本描述流程。这两种描述形式对于企业流程管理者来说都很重要。当这两种描述方式各自被维护或更改时，对同一流程使用多种描述将不可避免地导致不一致。所以需要设计相应的方法工具，以量化流程的图形描述和文本描述之间的一致性程度。

现有的研究依赖大量复杂的专家知识，往往通过人工定义规则和评估指标的方式检测文本描述和业务模型之间的一致性程度，这种方式在应用于开放域场景时存在准确性低和适应性差的问题。本小节介绍基于自然语言处理的 BPMN 业务流程一致性检测方法，该方法能够自动评价自然语言描述与生成的 BPMN 模型的一致性程度，从而衡量服务需求的功能要求是否达成、在维护过程中是否出现了不一致的情况。下面给出这一方法包含的主要功能模块：

- ❏ 中文词向量准备模块：BPMN 模型往往以 BPMN 格式存储，基于正则匹配技术对 BPMN 文件中的核心信息进行提取，为后续处理做准备。为了计算 BPMN 模型与文本之间的相似度，需要提取文本信息的词向量。该步骤大多采用预训练模型，而预训练模型通常都包含大量语料，需要较长时间加载，可以通过预先筛选出常用词和领域相关词汇来提高处理速度。
- ❏ BPMN 模型库预处理模块：如果用户导入的是模型库中已有的 BPMN 模型，可以通过提前将 BPMN 模型库中的模型进行向量化处理来加快模型评价模块的处理速度。基于 JIEBA 分词分别对文本描述和 BPMN 中的信息进行分词处理。分词后，通过查询词向量文件，使用加权平均的方法生成对应的句向量，然后进行存储。
- ❏ 模型评价模块：接收用户输入的流程描述和 BPMN 模型，返回模型评价分数。用户输入和 BPMN 模型都同样经过分词、查询词向量、加权平均得到句向量三步。返回的分数是两者向量的余弦相似度。

基于本书介绍的一致性检测方法，能够检测 BPMN 模型和文本描述的一致性程度，下面举例介绍其效果。

例 1　输入如图 3-3 所示的 BPMN 模型。输入文本描述：系统获取出发城市，系统获取目的城市，系统获取出发日期，系统查询相关航班，同时推荐目的地旅馆、推荐目的地餐馆、推荐目的地景点。

模型评价结果：当前 BPMN 模型与文字匹配分数为 96.34。

评价说明：0~60 表明不具备一致性，60~80 表明一致性程度低，80~100 表明一致性程度高。

例 2 删除例 1 中 BPMN 模型的"获取出发日期""查询相关航班"元素，获得如图 3-6 所示 BPMN 模型。

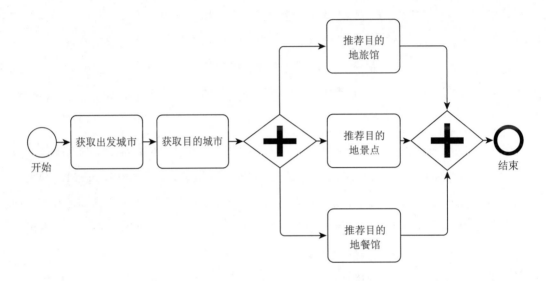

图 3-6　删减后的旅行规划流程 BPMN

输入文本描述：系统获取出发城市，系统获取目的城市，系统获取出发日期，系统查询相关航班，同时推荐目的地旅馆、推荐目的地餐馆、推荐目的地景点。

模型评价结果：当前 BPMN 图与文字匹配分数为 94.53。

评价说明：0~60 表明不具备一致性，60~80 表明一致性程度低，80~100 表明一致性程度高。

可以看到修改后的 BPMN 模型和自然语言文本的一致性程度降低了。

3.3　服务语义建模

服务语义建模目标是根据服务描述对海量服务中的语义信息进行提取分析和组织存储，并进一步支持查询推荐。智能服务适配中的语义建模部分包括如下内容：服务接口规范与接口提取、服务语义标注、服务语义分类、服务知识图谱构建。这些方法结合在一起，可以实现服务画像的构建和服务的高效发现，从而支持海量服务的智能适配。图 3-7 给出了服务语义建模相关内容的关系结构。

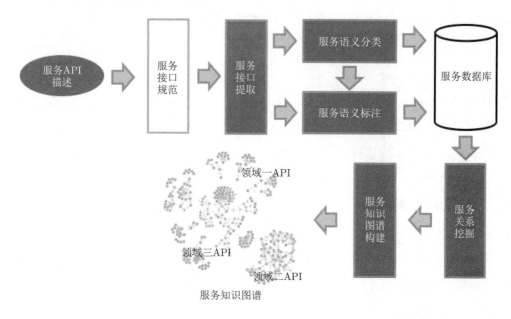

图 3-7　服务语义建模相关内容关系结构

如图 3-7 所示，首先读取服务 API 描述信息，并根据服务接口规范对服务信息进行提取，并使用分类器对提取到的服务功能描述进行语义分类，推荐服务类别，同时也可通过人工标注的方式从推荐类别中确定类别。然后将相关服务信息存入服务数据库，并挖掘服务关系来构建服务知识图谱，从而支持服务查询推荐。下面分别介绍服务接口规范与接口提取、服务标注与分类、服务知识图谱构建。

3.3.1　服务接口规范与接口语义提取

该部分的目标是根据相关规范从服务接口提取服务语义信息，从而支持服务语义建模。该小节首先介绍目前的微服务接口规范，然后提出一种接口语义自动提取方法。

1. 服务接口定义

目前微服务接口大多采用 Swagger/OpenAPI 规范[12]，这些规范使 API 提供者可以定义自己的操作和模型，开发者也可以自动生成自定义客户端，用以与 API 服务器通信。

具体地，在目前基于 Spring 的 Web 开发中，Springfox-Swagger2 技术提供了若干注解，用以标注 API 的接口信息，支持操作和模型的定义，如下：

- ❑ @Api：描述类/接口的主要用途。
- ❑ @ApiOperation：描述方法的用途。
- ❑ @ApiImplicitParam：描述方法的参数。
- ❑ @ApiImplicitParams：描述方法的多参数（Multi-Params）。
- ❑ @ApiParam：描述请求的参数属性。
- ❑ @ApiIgnore：忽略某类/方法/参数的文档。
- ❑ @ApiResponses：响应集配置。
- ❑ @ResponseHeader：响应头设置。
- ❑ @ApiModelProperty：添加和操作模型属性的数据。

下面给出几种接口实例。

（1）资源和集合

资源是 REST（Representational State Transfer）概念的基础，资源是一个非常重要的可以被自身引用的对象。资源包括数据、与其他资源的关系，以及对数据或关系进行操作以允许访问和操作相关信息的方法。一组资源的合集称为一个集合。集合和资源的内容取决于组织和消费者的要求。而资源和集合的表示就需要用 URL 进行标识。统一资源定位符（URL）用来标识资源的在线位置。此 URL 指向 API 资源所在的位置。我们可以通过适当的 URL 访问集合和资源，并公开有关应用程序的用户数据。例如：

- ❑ /users：用户集合。
- ❑ /users/username1：包含特定用户信息的资源。

（2）描述 URL

采用名词解释的命名规则有助于开发人员从 URL 描述中了解资源的类型信息。假设有一个公共 API，其中包含/users 和/photos 集合，我们可以推断/users 和/photos 分别提供有关产品注册用户群和共享照片的信息。

（3）使用 HTTP 方法描述资源功能

所有资源都有一组可以针对它们进行操作的方法，以处理 API 公开的数据。RESTful API 主要由 HTTP 方法组成，这些方法对任何资源都有明确定义的独特操作。下面是常用 HTTP 方法的列表，这些方法定义了 RESTful API 中任何资源或集合的 CRUD 操作。

- ❑ GET：用于检索资源。
- ❑ POST：用于创建新的新资源和子资源。
- ❑ PUT：用于更新现有资源。
- ❑ DELETE：用于删除现有资源。

在命名规则中，一个要点就是将动词排除在 URL 之外。GET、PUT、POST 和 DELETE 操作已经用于对 URL 描述的资源进行操作，因此在 URL 中使用动词而不是名词，会使处理资源变得混乱。在上述例子中，以/users 和/photos 作为端点，API 的最终使用者可以使用上述 RESTful CRUD 操作轻松直观地使用它们。

2. 服务接口语义自动提取

虽然 Kubernetes 可以支持 Swagger 1.2（OpenAPI 规范的前身），但是其机制还不能实现自动化的服务接口语义提取。考虑到动态服务适配中对于服务语义自动提取的需求，基于 Kubernetes 提供的服务发现与基于 Swagger 规范的微服务信息，我们可以提出一个 API 接口语义的自动提取方法。方法流程如下：

- ❑ 调用基于 Kubernetes 的 API，扫描指定命名空间下的 Service 信息。
- ❑ 预处理基于 yaml 格式的 Service 信息，获取每个 Service 对应的集群 IP、端口 Port 等基本信息，并将之保存至指定的目录下。
- ❑ 通过脚本代码，遍历访问基于 OpenAPI（Swagger）规范的 Service 下相应 Swagger-API 的统一资源定位（URL），可返回 Json 格式的 Swagger-API 相关信息。
- ❑ 对获取的 API 信息进行统一清洗与处理，集合同一命名空间下的 API 信息，并将之保存至指定的目录下。
- ❑ 通过实现代码的定时调度函数，实现上一步骤的定时化执行。
- ❑ 通过 HTTP 服务器，设定特定的 API 接口，使集群内部可以通过 API 接口的形式，获取关于该工具的流程执行状况，以及获取与指定的 Service 和 API 信息相关的数据。

接口语义自动提取的流程图如图 3-8 所示。

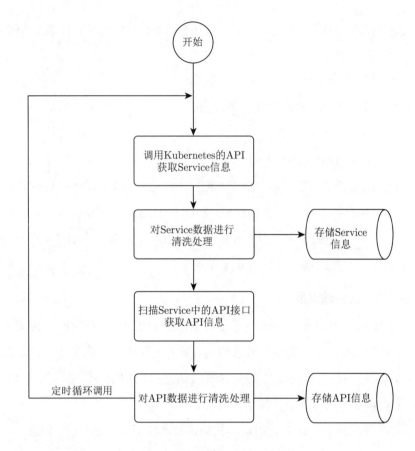

图 3-8　服务接口语义自动提取流程

3.3.2　服务语义标注

大型微服务系统中包含数量众多、种类丰富的微服务 API，如何高效地管理这些服务 API，对于服务管理、服务搜索、服务发现、服务分析等具有重要的意义。通常基于服务接口相关信息对服务打标签可以实现服务的有效管理，因为标签可以帮助对大量服务进行管理和发现。但是打标签需要标注者从大量候选标签中选出最适合描述目标服务功能的标签，任务难度高；并且要对海量服务打标签，任务工作量大。

因此，我们描述一种服务语义标注平台来实现半自动化的语义标注。具体地，其部署一个深度标签预测模型为标注者推荐标签，以减小任务难度；同时为了快速训练这个深度模型，其部署主动学习引擎来优先分配训练价值大的样本让用户标注；另外，部署半监督学习引擎来挖掘无标注样本中的信息，与获得的标注样本共同训练深度模型。通过标签预测模型和人工标注样本互相帮助、迭代工作的策略，可以实现海量服务的高效标注。系统架构如图 3-9 所示。

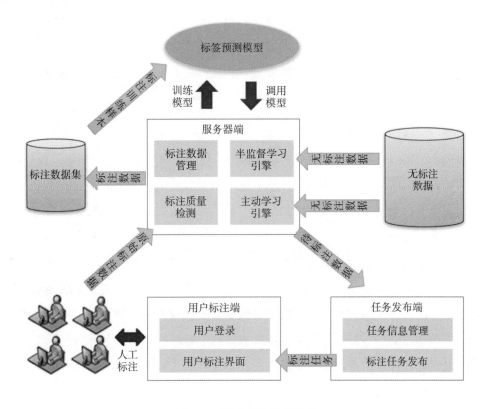

图 3-9　语义标注系统架构

下面对平台组件进行具体描述。平台具体包括标签预测模型、服务器端、任务发布端、用户标注端四个模块。标签预测模型为一个基于深度学习的多标签文本分类模型，其可根据服务功能描述文本预测相关标签。服务器端包括标注数据管理、标注质量检测、半监督学习引擎和主动学习引擎四个模块。具体地，标注质量检测模块主要负责对标注结果的质量进行检测，标注数据管理模块统计和保存标注结果，半监督学习引擎在模型训练时利用无标注数据进一步提高模型训练效果，主动学习引擎采集训练价值大的无标注数据推送人工标注。任务发布端包括任务信息管理模块和标注任务发布模块。具体地，任务信息管理模块负责整理待标注数据形成标注任务，标注任务发布模型将标注任务发送到用户标注端。用户标注端包括用户登录模块和用户标注界面。具体地，用户登录模块管理标注人员的登录信息，用户标注界面支持标注用户选择标注任务，并完成提交标注结果。

进行服务数据标注时，标注用户需要登录标注平台，任务发布端将无标注服务数据整理成标注任务推送给标注用户，用户根据标注规范对服务数据进行标注，并将标注结果提交，服务器端接收标注结果并检查标注数据的质量，然后将标注数据整理存储到标注数据集中。每当获取到一定数量的标注数据后，服务器端都会使用这些标注数据，并借助半监督学习引擎共同训练标签预测模型，性能进一步提升后的标签预测模型可以为人工标注提供更好的辅助作用。

1. 主动学习引擎

下面对主动学习引擎进行具体说明。目前相关标注平台通常是简单随机分配标注任务，不能选取信息量大的数据优先让用户标注。因此本平台采用一种主动学习引擎，其可以根据标签预测模型自身需求来选择训练价值大的样本，有效提高了标注效率，减少了标注所需的成本。

具体地，主动学习是一种面向机器学习的训练数据筛选方法，它可以选择对模型训练价值更大的样本来获取标注，从而提高标注效率[13]。相较于在大量的无标注样本中随机采样标注，主动学习算法能够利用更少的训练数据来实现相当的模型性能。针对深度标签预测模型，主动学习的任务就是设计采样函数来评估无标注样本中每个样本对模型训练的价值，不断在无标注样本中筛选信息量最大的样本进行人工标注以组成标注数据集，从而用于模型的有监督式学习。

主动学习过程包括多轮迭代，每轮迭代中采样函数选择一批最有价值的无标注数据样本进行标注，并用扩充后的标注数据集训练模型，然后继续迭代直至触发停止条件（例如达到标注预算）。下面介绍具体的主动学习方法。

主动学习中一个常用的策略是选择模型不确定的样本供其学习，这种不确定性可以通过模型对样本的预测置信度来衡量。这里我们介绍一种采样函数来选择具有最小期望置信度的样本。

对于一个无标注样本 X，多标签文本分类模型 M 的目标是通过为每个标签输出一个预测值 $Y_j(j \in \{1, \cdots, J\})$ 来决定哪些标签是相关的。因为预测值在模型中最后是经过压缩函数 sigmoid 输出的，该函数会把值向 1 和 0 进行压缩。为了更好地衡量样本和第 j 个标签的相关度，我们定义函数来还原被 "sigmoid" 压缩的输出值。

$$R(Y_j) = 2^{Y_j} - 1 \tag{3.1}$$

假设存在一个标签列表 π，按照每个标签和样本的后验相关性分数降序排序，对于列表中任意两个相邻的标签，前面的标签比后面的标签预期与样本更加相关。假如模型给一个预期与样本相关的标签分配更高的相关性分数，则明显说明模型对该样本的预测置信度更高。因此，对于相邻的两个标签，前面的标签对判断模型的预测置信度更加重要。为了衡量模型对于一个预测的置信度，我们提出了下面这个公式：

$$\mathrm{conf}(\pi, Y) = \sum_{j}^{J} \frac{R(Y_j)}{\pi(j)} \tag{3.2}$$

在该公式中，标签的相关性分数根据其在列表中的位置由前向后依次累加，并且标签靠后给其分数打的折扣越大。其中 $\pi(j)$ 返回第 j 个标签在排序列表中的位置。该公式可以返回模型对一个无标注样本预测的置信程度，即该样本对于模型的训练价值，然后可以采集价值最大的一批样本让模型进行训练。

2. 半监督学习引擎

大量的无标注数据中包含相当多的信息，可以通过半监督学习引擎进一步加以利用[14]。下面我们对半监督学习引擎进行说明。我们具体采用一种基于伪标注的半监督学习方法，其可以挖掘无标注样本信息来进一步提高模型训练效果。

伪标注技术就是利用在标注数据上训练得到的模型对无标注数据样本进行预测，将预测的伪标签作为无标注样本的标签，并将可靠性较高的伪标注样本加入训练数据集。伪标注方法具体流程如下：

❑ 使用标注数据训练深度标签预测模型 M。

❑ 用有监督模型 M 对无标注数据进行预测，得到伪标注样本。

❑ 从伪标注样本中选择模型预测置信度高的样本加入训练数据集。

❑ 使用包含标注数据和伪标注数据的训练集重新训练深度模型，得到模型 M'。

❑ 用 M' 替换 M 并重复以上步骤，直至模型性能不再提升。

3.3.3　服务语义数据集

上一小节的服务语义标注为服务语义分类提供了数据基础。由于企业内部微服务数据的私有性质，本小节选取公开的网络服务语义数据作为例子，来说明服务语义分类的智能算法。著名的公开服务共享平台（例如 ProgrammableWeb、RapidAPI 等）提供了大量的网络服务语义，成为服务计算领域研究服务语义分类算法的标准数据集。例如，根据 ProgrammableWeb 平台统计，目前 Web API 的数量已突破两万，每个服务实例包括服务名称、功能描述、语义标签和服务链接等信息，为后续的自动服务分类和语义推荐提供了依据。除了网络服务 API，ProgrammableWeb 平台还包含大量的 Mashup 数据，所谓 Mashup 指由一个或多个 Web API 组合而成的具有一定功能的 Web 应用。一条 Mashup 描述往往包含其蕴含的服务组合关系。

将具有高度相似性的 Web 服务进行类别划分有利于促进服务管理与服务发现等工作，而随着 Web 服务数量日益增多，服务的文本特征存在稀疏性，其结构及属性信息变得极为丰富且复杂，如何对数量呈高速增长的 Web 服务进行准确而高效的分类成为一个亟待解决且具有挑战性的问题。为了说明下面小节提出的方法的有效性，我们直接使用这些平台中的服务数据。因为这些大规模的线上服务共享平台通常收集的是英文数据，所以下面小节提出的方法面向这些英文数据集进行说明，不过该方法依然可以应用于中文数据集。这些服务数据通常包括服务标题、服务描述、服务组合关系等。

3.3.4　服务智能分类方法

面向服务语义数据，本小节对相关服务分类方法进行具体说明。这些方法通过适应性改造可以被应用于服务标注平台，从而支持自动化服务标签推荐。

目前，基于监督式学习分类模型可以取得很好的预测效果，并已经成为通常采用的方法。为了完成监督式分类模型的部署，我们使用已标注的服务数据对分类器进行训练。本小节具体介绍两种常见的分类模型：基于图卷积网络的服务分类模型，基于图注意力网络的服务分类模型。

1. 基于图卷积网络的服务分类方法

首先，深度学习服务语义分类模型依赖于数据驱动的文本序列特征提取器，能够提取深层次的自然语言文本语义信息，实现准确的服务分类。Transformer 模型将传统的双向 RNN 模型替换为 Self-Attention 架构，在各种自然语言处理任务上表现优异。基于大规模语料，通过自监督学习预训练的 Transformer 模型拥有强大的文本特征提取器，通过拼接下游分类器，并在相关领域的语料上进行微调，可以迁移到相关领域的任务。由于服务标注数据量依然相对较少，因此该模型采用大规模预训练的 Bert 作为特征提取器，并利用标注平台获得的服务语义数据进行微调，获得我们所需的服务语义分类任务的特征提取器。

其次，微服务平台的服务 API 大多拥有多重语义信息，即拥有多个语义标签。多标签分类任务通常依赖多个二分类分类器来分别判断每个标签，但这种分类方式没有考虑标签之间语义的依赖关系。最近，图卷积网络（GCN）可以学习图节点之间的依赖关系，提取节点依赖的特征。因此，我们利用图卷积网络学习标签节点依赖的分类器，采取如下三个计算步骤：第一步，我们依据服务语义数据的标签之间的共现信息构建标签节点关系图；第二步，由于节点标签的长度大多较短，我们利用 Glove 词向量的加权平均作为节点标签的向量表示，用作图卷积网络的输入；第三步，再利用图卷积网络的多层图卷积来学习各个标签的分类器，并输入 Bert 提取的服务语义特征，从而对服务语义类别进行预测。如图 3-10 所示。

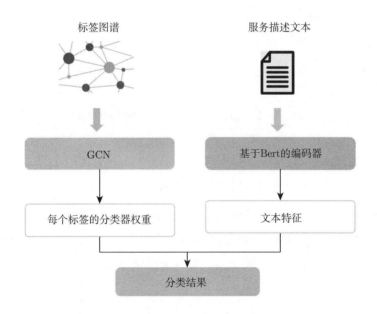

图 3-10 基于图卷积网络的服务分类模型

2. 基于图注意力网络的服务分类方法

现有的分类技术在结合结构信息时通常采用单一的权重计算方式来进行 Web 服务分类，未曾考虑到不同服务本身包含的信息对权重计算的影响。针对这种情况，本小节介绍一种基于图注意力网络的 Web 服务分类方法[15]，其框架如图 3-11 所示，包括数据预处理、服务相似度计算、图注意力网络模型构建以及服务分类四个部分。其中，数据预处理是指从网络上爬取 Web 服务，并进行预处理后获得服务的描述文本、Tags（标签）以及 Mashups 调用等元信息；服务相似度计算是指利用服务元信息计算获得 API 的特征矩阵与相似度矩阵；图注意力网络模型构建是指将 API 特征矩阵与相似度矩阵输入到图注意力网络模型，并利用自注意力机制进行计算得到网络表征；服务分类则利用 softmax 函数进行 Web 服务的分类预测。

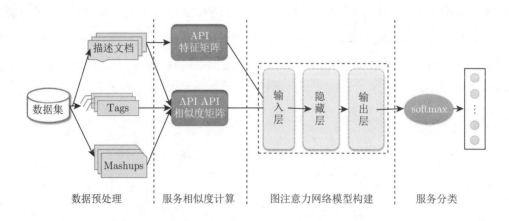

图 3-11   基于图注意力网络的 Web 服务分类框架

经过数据预处理（分词、词干化处理等）、服务相似度计算（文本相似度，Tag 标注相似度，相似度集成）等步骤后，利用图注意力网络模型对 Web 服务进行网络表征学习，具体的框架如图 3-12 所示。将模型输出得到的服务的嵌入特征输入到一个全连接层，利用 softmax 激活函数输出所有候选的 Web 服务类别的概率分布。softmax 将多分类的输出数值转化为相对概率，表征了该节点分别属于某一类别的概率。

3.3.5   服务图谱构建

当我们用上一小节提出的服务分类方法对服务类别（标签）进行预测后，我们可以使用这些服务的标签和服务数据、服务组合关系构建服务图谱。下面具体面向 Programmable-Web 数据介绍一种构建服务图谱的方法[16]。

面向 ProgrammableWeb 构建服务图谱网络系统，充分利用 API 服务、Tag 以及之间的多种关系来构建不同类型的服务网络，并从这些网络中挖掘出服务之间的丰富隐含关系，支持服务的管理、可视化、搜索、导航、推荐以及结构分析等功能，以帮助开发者开发出有创意的组合级应用服务，促进服务市场的发展。

具体地，利用 Jaccard 相似度系数度量同构服务节点之间的相似性，构建三大类同构服务关系网络（Mashup-Mashup Network、Web API-Web API Network、Tag-Tag Network）。利用 Mashup 与 Web API 的调用关系，以及 Mashup 或 Web API 与 Tag 之间的标注关系，构建四种异构服务关系网络（Mashup-Web API-Tag Network、Mashup-Web API Network、Mashup-Tag Network、Web API-Tag Network）。基于这些关系网络可以构建三层的服务图谱，包括领域图谱（domain graph）、标签图谱（tag graph）、服务 API 图谱（Web API graph）。服务图谱的基本架构如图 3-12 所示。

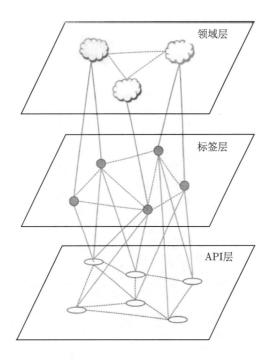

图 3-12　服务图谱的基本架构

对于同构服务网络的构建，引入 Jaccard 系数来描述，由于这里 Mashup、Web API 和 Tag 之间两两都有联系，所以在构建其中一个服务时可以考虑其他两个服务的影响，那么每一个同构服务网络都有三种情况，第一种情况是同时考虑 Web API 和 Tag 的影响，第二种是只考虑 Web API 的影响，最后一种则是只考虑 Tag 的影响；同样的，对于 Web API 和 Tag 的相似度计算都可以参照 Mashup 的方式来计算。而对于一个 Mashup 服务，它会调用一个或者多个 Web API，同时这个 Mashup 也会被一个或者多个 Tag 标记，这样就可以构建一个异构服务网络 Mashup-Web API-Tag Network；若只考虑 API，那么这个异构服务网络就是 Mashup-Web API Network；同样的，若只考虑标记的 Tag，那么这个异构服务网络就是 Mashup-Tag Network；对于一个 Web API，它会被一个或者多个 Mashup 调用，也会被一个或者多个 Tag 标记，除了上面已经提到的网络，那么就还有一个异构服务网络被构建出来——Web API-Tag Network。如图 3-13 展示了异构服务网络（Mashup-Web API-Tag Network）的截图。

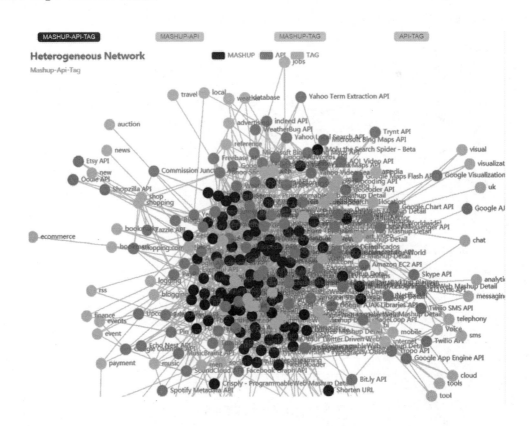

图 3-13   基于 ProgrammableWeb 数据生成的异构服务网络

在图 3-13 中，深色节点代表由多个服务组合而成的应用（mashup），灰色节点代表服务（API），浅色节点代表标签（Tag），图中的边代表它们的关联关系。

3.4　服务适配组合

服务适配组合是通过设计业务流程，聚合细粒度的微服务模块，组合成为具有一定总体功能的服务组合。目标是支撑智能化的服务发现、推荐、组合和定制，以自动或半自动的方式生成复合式微服务流程，完成服务主体所需要的 BPMN 业务逻辑；并基于此，将组合的流程进行调用执行。在本节中，服务适配组合分为服务适配组合设计阶段和服务适配组合执行阶段。

3.4.1　服务适配组合设计

服务适配组合设计包含两种组合方式：编排（Choreography）和编制（Orchestration）。本节分别介绍这两种组合方式。

1. Choreography 方式

Choreography 是一种异步方式，这种方式避免了在 Orchestration 方式中处理的请求/响应所经历的等待时间。Choreography 主要采用广播的方式来传递数据。本小节主要介绍 Choreography 方式的两种服务推荐方法：基于神经网络和注意力网络因子分解机的服务推荐[17]、面向用户 QoS 偏好需求不确定的质量多样化服务推荐[18]。这两种推荐方法对服务调用和服务组合具有重要的辅助作用。

（1）基于神经网络和注意力网络因子分解机的服务推荐

服务调用为系统留下了大量的历史使用记录，隐含了大量服务需求描述特征和服务描述特征间的关系，因此可基于历史需求记录数据建立预测模型，为未来的服务需求调用哪些服务进行预测，得到服务被调用的概率，将概率高的服务推荐给用户。

目前，已有一些对服务需求特征与服务描述特征之间的关系进行建模的服务推荐方法，其中结合因子分解机和深度学习的建模方法相比传统的协同过滤、矩阵分解方法有较好的效果。然而，它们要么对特征使用相同的权重，要么忽略数据内在的非线性复杂结构。鉴于此，本小节介绍一种混合的因子分解机模型 NAFM[17]，利用深度神经网络建模特征交互的非线性结构和注意力网络建模特征交互的不同权重，以此提高服务推荐的准确性，其服务推荐方法的框架如图 3-14 所示。

（2）面向用户 QoS 偏好需求不确定的质量多样化服务推荐

该推荐方法在用户提交功能需求明确的情况下，可找到大量满足功能需求和质量约束的功能相似度高的服务。然而，用户一般难以给出具体数字来表达对 QoS 的偏好，因此须研究为用户提供满足功能需求但 QoS 多样性的服务推荐模型。

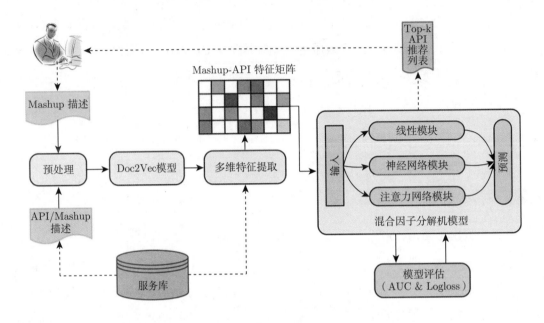

图 3-14　基于 NAFM 模型的服务推荐方法框架

鉴于此，给定用户的需求特征，本小节介绍了一种多样化的以 QoS 为中心的服务推荐方法。首先，提出改进的 QoS 相似度计算方法，并基于服务间的相似度建立服务网络；然后，基于服务网络提出了服务多样化的度量方法；最后，提出一个有效的多样化服务推荐模型，产生最可能满足用户 QoS 需求的多样化服务列表。质量多样化的服务推荐方法 DiQoS 框架[18] 如图 3-15 所示。

给定用户的 QoS 约束，DiQoS 通过三个主要的阶段来实现 QoS 多样化的服务推荐，即动态 Skyline 服务抽取、基于 QoS 相似度的服务网络构建和多样化的服务排序模型。

2. Orchestration 方式

在 Orchestration 交互方式中，存在一个中央控制器（orchestrator），用于处理所有的微服务交互，它传输事件并对其进行响应。Orchestration 更像是一个集中式服务，它调用一个服务，并在调用下一个服务之前等待响应。这遵循一个请求/响应类型范例。这种组合方式主要通过流程定制和流程推荐实现。

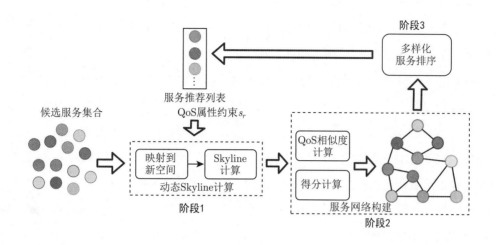

图 3-15　DiQoS 方法框架

（1）流程定制和推荐

在服务需求建模阶段生成了基于 BPMN 的流程图后，便进入流程定制阶段。在这一阶段，以 BPMN 为前端逻辑来建立与服务流程的关系。BPMN 中的任务是流程中的原子活动，一个流程由多个任务通过传递关系串联而成。在创建流程中的某一个任务时，该任务往往会通过调用相应的服务来实现底层的逻辑关系。这样多个任务基于业务需求关系构成流程，从而也相应地实现了底层服务之间的构建。

具体来讲，在针对事务流程的定制中，它是基于 BPMN 的流程编辑界面来实现服务的调用连接的。业务人员可基于 BPMN 前端进行可视化的流程拖拽、编辑、组合、修改等操作。同时也可以实现批量导入和导出流程。如图 3-16 为流程定制的 BPMN 界面。

图 3-16　服务组合和编辑定制的前端界面

完成了流程定制阶段，便可以进入流程推荐阶段。业务流程设计是流程系统中非常关键的一部分，然而当处理复杂的流程时，业务间的逻辑关系比较烦琐和累赘，需要智能化的推荐。基于此，工作流推荐技术应运而生，它通过向用户推荐流程的整体或者剩余部分，极大地解决了操作困难、耗时的问题。

高效率的工作流推荐技术能够提升工作效率，同时也能够确保业务流程的精确性。目前用于流程推荐的方法主要是传统的推荐方法：基于流程的当前节点，通过查找流程库中使用频率最高的节点作为当前节点的下一个节点。一方面，传统基于结构的推荐方法操作过于烦琐，它要求用户必须输入当前具体节点的信息；同时这种推荐方法在实际应用中效率较低，难以满足业务人员的需求。另一方面，当前大部分流程推荐方法适用于科学工作流，然而随着技术发展，各大企业更依赖于事务性工作流程。因此，开发适用于事务性流程的推荐方法也非常重要。

基于上述传统推荐技术的局限性，当前已有研究人员对此进行了大量的工作并取得了成果。Zhang 等人[19] 提出了一种新的工作流推荐技术，称为 FlowRecommender，它具有更强大的扩展功能，可以识别上游依赖模式，这些模式对工作流重新通信的准确性至关重要。这些模式在脱机时正确注册，以确保高效的在线工作流推荐。Cao 等人[20] 提出了一种基于图的工作流推荐技术——基于图编辑距离（GED），即业务流程之间的距离，并选择距离较小的候选节点进行推荐。该项工作只是在工作流推荐领域的一个试探性尝试。随后，Li 等人[21] 把上述图匹配问题变成字符串匹配问题，提出了基于 SED 的工作流推荐技术，通过计算流程片段之间的距离来选择候选节点集进行推荐。最近，Yu 等人[22] 基于业务场景的需求，为使得服务流程的动态组合更加智能化，提出了基于图嵌入的流程推荐算法，并将其应用到实际场景中。该微服务流程智能推荐方法的框架如图 3-17 所示。

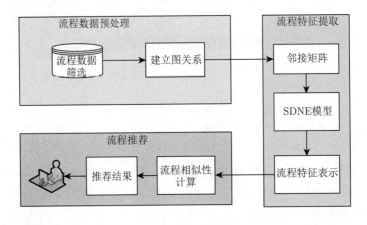

图 3-17　基于图嵌入的工作流推荐框架

它首先通过数据预处理阶段将流程建立成图关系，然后在流程特征提取阶段进一步获得流程的特征表示，最后在流程推荐阶段完成基于语义的推荐。其中，流程特征提取模块应用到了图嵌入技术[23]，该技术的框架图如图 3-18 所示。

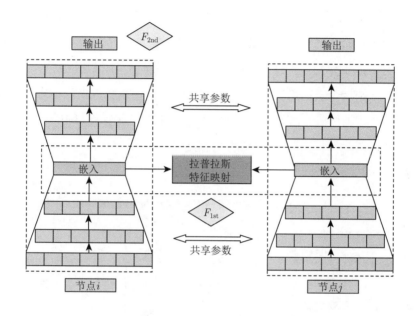

图 3-18　图嵌入技术模型结构图

这样通过图嵌入的方式更好地获取了流程间的特征结构，保留了工作流语义的一阶和二阶相似性。在流程推荐模块通过以下公式计算流程之间的相似度：

$$\mathrm{sim}(P_1, P_2) = \frac{1}{1 + ||Y_1 - Y_2||_2} \tag{3.3}$$

目前上述推荐技术应用到了电力场景中。电力系统是关系国民经济命脉的基础支撑系统，随着社会经济的高质量高速发展，人们对电力的需求日益激增和多样化，电网企业的规模和业务也随之不断扩大和调整。电力信息系统的出现和应用较好地解决了当前电力系统因应对发展而改变的战略难题。电力信息系统典型的示范应用场景包括选取供电所及班组一体化信息系统、交易电费核算系统、供电服务指挥系统等，在处理上述业务流程场景时，通过应用智能流程推荐技术可以快速、精准地建立流程。通过语义推荐部分，即通过用户输入关键词，此技术会根据语义信息去流程库中查询相似的流程，并将最相似的整条流程推荐给用户，极大地提高了业务人员的工作效率。

例如，在电力场景中关于"工作票"的业务处理，一般工作票的签发人员根据工作任务的需求和工作期限来确定负责人，并填写工作表。工作票是准许在电气设备系统中进行工作的书面命令。处理"工作票"的业务一般包括以下流程："工作票编制""待签发""待接票""待终结"。其流程的含义是：首先需要工作人员对工作票进行编制填写，然后等待相关人员进行签发，继而转由下一角色人员接票处理，最终完成。基于上述场景，当业务人员需要处理有关"工作票"的业务内容时，可以使用此系统快速检索出与之相关的内容来处理。例如用户根据个人需求输入关键词"工作票"，该系统根据流程推荐技术，通过分析关键词，推荐与"工作票"相关的完整工作流程，实现结果如图 3-19 所示，图 3-19 a 是业务人员输入的关键词、图 3-19 b 是流程推荐结果。

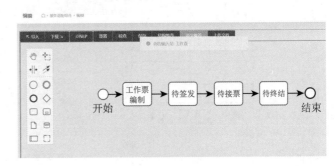

a）用户需求界面　　　　　　　　　　　b）流程推荐结果

图 3-19　基于语义推荐的流程示意图

另一个场景如下：同样在电力系统中的供电审批流程中，当制定好一份供电方案后，需要各组织、各机构的层层审批，才能完成相关流程。然而当供电流程比较烦琐时，一步步地构建流程会浪费时间，因此业务人员可以利用此系统首先初步构建模块，剩余的相关流程会自动给出。具体的技术是基于结构的推荐：即通过用户输入的当前节点信息，系统会根据它的结构信息找到与它最相似的下一个节点或剩余的节点，将这些推荐给用户。根据用户的当前输入，该技术会根据结构来分析并智能化地推荐后面的流程。如图 3-20 所示，图 3-20 a 需要业务人员根据供电流程先构建出"班组初评"，而后剩余的相关流程如图 3-20 b 所示自动地给出，主要包括"专业复评""地市（省检）审核""省评价中心审核""省运检部审核"等。

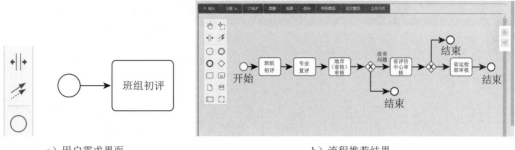

a）用户需求界面　　　　　　　　　　　b）流程推荐结果

图 3-20　基于结构推荐的流程示意图

（2）流程的服务组合

流程的服务组合主要是通过为用户的抽象需求表达匹配相应的微服务实现，在智能匹配相关的微服务过程中，通过服务语义（例如关键词相似性）查询服务所构成的知识图谱，从而完成流程的智能组合。下面以全球最大的应用编程接口市场 RapidAPI 为例，说明服务需求表达、服务语义查询和构建、服务组合的整个逻辑过程。

如图 3-21 所示为旅行规划的场景，利用用户行程（出发城市、目的城市、日期）向用户推荐相关航班，以及目的地旅馆、餐馆、景点。首先用户可以基于 BPMN 完成抽象的业务需求表达：获取出发城市、获取目的城市、获取出发日期、查询相关航班、推荐目的地旅馆/推荐目的地餐馆/推荐目的地景点。然后为抽象需求智能匹配相关的微服务 API，具体如下：将用户的出发城市和目的城市作为输入，从"http://www.geocities.ws"和 RapidAPI 中的服务"Travel Advisor/locations"中分别获得相应的航线代码和地理位置编号。其次，为"查询相关航班"确定具体的微服务，通过查询 3.3 节中所构建的 RapidAPI 知识图谱查询与"航班"相关的服务 API，例如确定了"google-flights-search"该服务 API，即可满足该需求表达"查询相关航班"。进一步地，为"推荐目的地旅馆"抽象需求匹配具体的微服务，例如查询知识图谱中的关键词"旅馆"确定"Travel-Advisor/hotels"该服务 API。同样地，为抽象需求"推荐目的地餐馆""推荐目的地景点"匹配具体的服务，查询知识图谱中相关的服务，例如"Travel-Advisor/restaurants""Travel-Advisor/attractions"两个服务可以满足上述两个需求。基于此完成了用户需求、服务语义查询、服务组合的一系列过程。另外，该确定的流程也为流程执行奠定了基础。

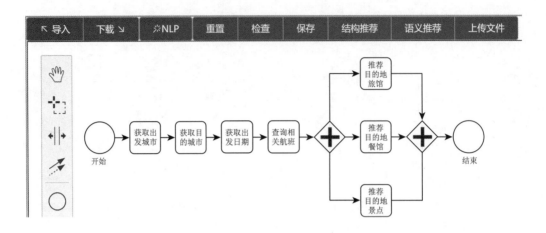

图 3-21　流程的服务组合–旅行规划场景

本小节完成了图 3-1 中的服务适配组合设计阶段，设计了基于 BPMN 的业务流程图。基于此，图 3-1 中服务流程映射工具会通过读取 BPMN 中相应的内容，将其转换为 YAML 格式的流程文件。该 YAML 格式文件将作为服务适配组合执行阶段部署所需要的基础文件。

3.4.2　服务适配组合执行

通过上一小节得到了具有逻辑执行功能的 YAML 格式的工作流程，我们便进入服务适配组合执行中的部署和可靠性执行阶段。该阶段需要在微服务流程执行引擎之上运行。微服务流程智能引擎根据服务主体中的业务核心指标集，把 BPMN 流程的 QoS 规范转化为微服务流程的 QoS 要求，并在部署和运行中予以保证和落实。为此，需要构造微服务流程规划与编排功能，对微服务组合方案进行动态和持续性管理，实现连续化的集成和编排部署，动态维护业务流程和微服务组合的功能一致性，并根据流程适配的功能要求、QoS 要求、成本约束要求，由逻辑方案生成可根据流程执行的物理方案，并进行相应的流程优化。

流程执行是基于事务工作流引擎 BWE 的，如图 3-22 所示。该引擎是在 Kubernetes 的基础上实现的一种云原生基于微服务的引擎，它依托于 Kubernetes 的自定义资源 CRD 功能，定义了一种新的资源用于表示工作流。在这个自定义资源中，它规定了工作流的每一个步骤都对应着一个 Kubernetes 的最小调度单位——Pod。同时为了完成数据传输和监视功能，该引擎采用了 sidecar 技术。除了在 Pod 中建立运行微服务的容器外，还会建立 init container 和 wait container。init container 负责获取传入该步骤的参数和对微服务进行初始化，wait container 负责监视微服务运行状态和获取微服务要传出的参数。服务传出的参数将暂时存放在数据库中，供其他服务读取传入。工作流引擎 BWE 的工作原理如图 3-22 所示。

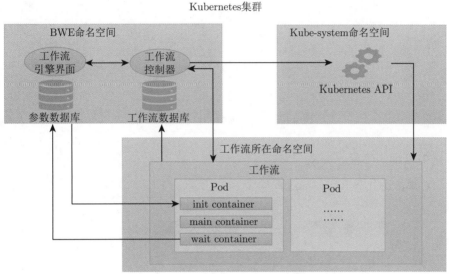

图 3-22　微服务引擎原理

图 3-22 中的"工作流控制器"部分的设计执行如图 3-23 所示。Kubernetes 中所有的资源都由 Kubernetes API Server 提供接口实现，自定义资源 CRD 也不例外。对于每种资源，Kubernetes 都提供了控制器来负责对应资源事件的处理，informer 则负责感知对应资源的事件，在每种资源的处理事件队列中，由 worker 进行具体的事件执行，包括对该资源的建立、删除等操作。Pod 队列中的 worker 除了处理 Pod 的事件外，还有在工作流资源队列中添加工作流的功能。该功能的意义是在智能引擎建立新的工作流的时候，会先建立一个 Pod 来处理工作流的建立工作。工作流队列中的 worker 除了处理工作流外，还需要创建工作流中任务对应的 Pod，将其添加到 Pod 的事件处理队列中。

在工作流引擎 BWE 之上，可以完成服务流程的部署和服务流程的可靠执行。下面分别介绍这两部分。

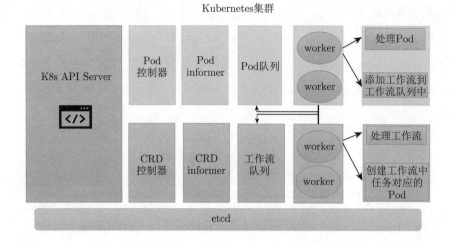

图 3-23　工作流控制器的工作原理

1. 服务流程的部署

工作流部署到引擎 BWE 的过程如图 3-24 所示。

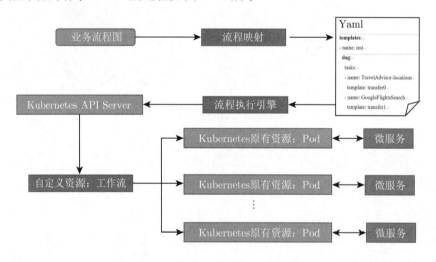

图 3-24　工作流部署到引擎的流程图

当将具有业务逻辑功能的流程文件提交到流程执行引擎时，该引擎首先会读取流程文件中的 DAG，根据 DAG 中的依赖关系获得流程的先后执行顺序。在 YAML 文档中，首先会用 dependencies 字段来声明依赖关系。如果任务没有任何的父节点，则为初始任务，最先执行；如果任务没有任何的子节点，则为结束任务，最后一个执行，执行完毕时流程结束。根据 DAG 的元素，查找 templates 中对应的节点。templates 中定义了该节点对应的微服务的具体信息，包括名称、镜像、端口等，工作流引擎会依据这些信息创建新的 Pod 来运行具体的微服务。待运行中的服务变成已完成状态时，工作流引擎便继续读取 DAG 中元素的 dependencies 属性，查找 dependencies 中所涉及的服务全部完成的元素，即下一个进行部署的服务。完成了服务流程的部署之后，便可以进入服务流程可靠执行阶段。

2. 服务流程的可靠执行

服务流程的可靠执行主要通过调度策略 DWSM（Dependable Workflow Scheduling for Microservice）来实现，该策略通过强化学习 DQN 算法训练得到，下面具体介绍该调度策略。

（1）调度策略的 QoS 建模

在流程调度中，业务流程通常被建模成一个有向无环图 $G(T, E)$，其中 T 是任务的集合 $\{t_1, t_2, \cdots, t_n\}$，$E$ 是任务之间依赖关系的集合 $\{e_{i,j} | 1 \leqslant i, j \leqslant n\}$。这里每个依赖关系 $e_{i,j} = (t_i, t_j)$ 表示一个优先级约束，代表任务 t_i 应该在任务 t_j 开始之前完成执行。同时将没有任何父节点的任务称为开始任务，标记为 T_{entry}，将没有任何子节点的任务称为结束任务，标记为 T_{exit}。

该调度策略的微服务 QoS 主要包括完成时间、运行成本、可靠性三个方面。其中运行成本指的是微服务所消耗的 CPU 资源。调度策略 DWSM 将所需的任务 t_i 的历史信息表示为一个元组 $Z_i(T_i, C_i, P_i)$，其中 T_i 表示任务 t_i 运行单个实例所需的完成时间，C_i 代表任务 t_i 运行单个实例所需的 CPU 资源，P_i 是任务 t_i 运行的历史成功率。可由如下公式计算得到：

$$P_i = \frac{\text{count}_{\text{succeed}}}{\text{count}_{\text{succeed}} + \text{count}_{\text{failed}}} \tag{3.4}$$

其中 $\text{count}_{\text{succeed}}$ 是任务 t_i 在历史运行中没有任何冗余时所对应的实例中成功的数量，$\text{count}_{\text{failed}}$ 是 t_i 在历史运行中没有任何冗余时所对应的实例中失败的数量。

依托工作流引擎在创建 Pod 时可选的声明，声明 Pod 的副本数量 replicas，实现在具体运行时对复制冗余数量的限定，同时基于 Kubernetes 支持容器重启策略 restartPolicy 来完成对重新提交冗余的实现。restartPolicy 分为 Always、OnFailure 和 Never 三种不同策略。Always 策略会在容器终止退出后，总是重启容器，是 Kubernetes 的默认策略；On Failure 策略在当容器异常退出，即容器退出、状态码非 0 时才重启容器；Never 策略即在容器终止退出后从不重启容器。在 restartPolicy 中可以声明 limits 来限定重新提交的次数。调度策略生成组件会组合 replicas 数量和 Kubernetes 的容器重启策略来实现多种冗余。

DWSM 策略主要采用复制冗余和重新提交冗余两种冗余方式组合而成的冗余来提高可靠性。复制冗余是指在任务的一次运行中同时运行多个实例，只要其中一个实例能够运行成功，则任务的此次运行即可视为成功。重新提交冗余是指任务的实例运行失败后立即重启，在达到重新提交冗余所规定的最大重新提交次数之前，如果实例运行成功，则任务的运行视为成功。如果将重新提交冗余中的最大重新提交次数设为 M，则此时任务 t_i 的每个实例对应的成功率可以由以下公式得到：

$$P_i^M = \sum_{j=0}^{M}(1 - P_i)^j P_i \tag{3.5}$$

其中，P_i 是任务 t_i 运行的历史成功率。在此基础上，再加上实例副本数量为 N 的复制冗余，任务 t_i 在这两种冗余的组合之下所能获得的可靠性可以通过如下公式得到：

$$D_i = 1 - (1 - P_i^M)^N \tag{3.6}$$

在这样的冗余策略之下，工作流任务 t_i 的服务质量 $Z_i(T_i, C_i, P_i)$ 就转变为 $Z_{i'}(T_{i'}, C_{i'}, M_{i'}, D_i)$。其中 $T_{i'}$ 和 $C_{i'}$ 由下面公式得到，它们分别代表采取冗余策略之后，任务 t_i 所对应的运行时间和消耗的 CPU 资源：

$$T_{t'} = MT_i \tag{3.7}$$

$$C_{i'} = NC_i \tag{3.8}$$

（2）调度策略建模环境

马尔可夫决策过程是在数学意义上对强化学习问题的一种理想化建模，是一种序贯随机决策问题模型，可以有效解决连续决策过程。DWSM 调度策略将上文中所提到的马尔可夫决策过程中的关键要素，根据微服务工作流调度问题进行具体化的定义。

❑ 状态。调度策略将状态 S 定义为一个包含四个元素的元组：$S = \{task, time, cpu, D\}$。其中 task 代表当前正在调度的任务；time 是模拟环境下所有节点上工作流已经运行的任务所占用的时间的最大值；cpu 是一个集合，包含了模拟环境下所有节点上工作流已经运行的任务所使用的中央处理器资源；D 也是一个集合，包含了本次调度中所有工作流目前的可靠性。

❑ 动作。智能体的动作集合为 A（Action）。在面向微服务 QoS 的工作流调度问题中，基于 Kubernetes 平台，智能体的动作就是工作流的调度行为，包括将工作流的任务调度到 Kubernetes 上的一个节点以及对任务施加的冗余策略。根据这个动作的定义，结合上文可知，任务在冗余策略下真正运行所需要的时间和所消耗的资源可以通过冗余策略的数量和任务的原始运行时间及消耗资源计算得到。

❑ 奖励。DWSM 策略使用强化学习算法的目的是优化微服务工作流的运行时间、消耗资源、可靠性这三种 QoS，因而在设计奖励函数的时候需要综合考虑这三个优化指标。根据每个 QoS 指标的不同特性，分别对其设计了奖励函数。对于运行时间，只需要计算工作流调度时所有工作流所消耗的最大时间，对于运行时间部分的奖励可以由以下公式得到：

$$R_1 = \frac{\text{ET}_{i,j,k} - (\text{makespan}' - \text{makespan})}{\text{ET}_{i,j,k}(\text{Retry} - 1)} \tag{3.9}$$

其中 $\text{ET}_{i,j,k}$ 是工作流 j 的第 i 个任务在模拟的 Kubernetes 的节点 k 上运行一次实例所需要的执行时间，makespan 是运行该任务前的所有工作流的最大完成时间，makespan$'$ 是运行该任务后的所有工作流的最大完成时间。Retry 是允许的最大运行次数，那么 Retry-1 就是允许的最大重启次数。

如上文所述，对资源消耗的优化以 CPU 为例，则消耗资源部分的奖励可以通过如下公式得到：

$$R_2 = \frac{\text{total\_CPU}' - \text{total\_CPU}}{\text{total\_CPU}} \tag{3.10}$$

其中，total_CPU 是运行当前任务前工作流所消耗的总 CPU，total_CPU$'$ 是运行当前任务后工作流所消耗的总 CPU。

可靠性的奖励为：

$$R_3 = \frac{D_{i,j,k} - \text{success\_rate}_{i,j,k}}{D\_\text{best}_{i,j,k} - \text{success\_rate}_{i,j,k}} \tag{3.11}$$

其中，$D_{i,j,k}$ 是工作流 j 的第 i 个任务采取了冗余策略之后所能获得的可靠性，

$suceess\_rate_{i,j,k}$ 是该任务在无任何冗余策略下正常运行一次实例的成功率，$D\_best_{i,j,k}$ 为不考虑时间和资源影响因素下所能达到的最好的可靠性。

因此，最终的奖励函数通过如下公式计算得到：

$$R = R_1 + R_2 + R_3 \tag{3.12}$$

（3）调度策略

基于 Kubernetes 平台的云环境，上文对马尔可夫过程做了具体定义，并且将复杂的微服务工作流调度云环境进行了数学表示。接下来，DWSM 调度策略利用 DQN[24] 来解决上述马尔可夫过程，其网络结构如图 3-25 所示。

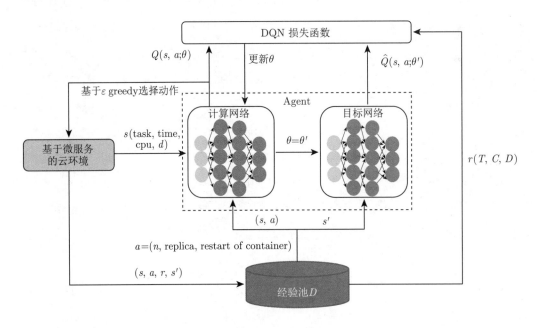

图 3-25　DQN 网络结构

本策略采用双网络结构，包含目标网络和计算网络两种网络。具体来说，$Q(s,a;\theta)$ 表示当前计算网络的输出，用来计算当前状态动作对的值函数。$\hat{Q}(s,a;\theta')$ 表示目标网络的输出，得到目标 Q 值。同时计算网络和目标网络的网络结构必须一致。

调度策略生成器流程图如图 3-26 所示，用户定制工作流经过数据处理，调度策略通过对照工作流任务的定义内容在工作流数据库中得到任务的历史运行信息，在这些基础上将工作流调度的问题建模成马尔可夫过程，通过基于强化学习的面向微服务 QoS 的工作流

调度算法进行训练，进而生成工作流的调度策略。如图 3-26 所示，调度策略图中的某个点
{任务数、Retry、replicas}，表示对应的任务数下所采取的重启次数和副本数量。最后会整
理进 YAML 文档，进入执行引擎。

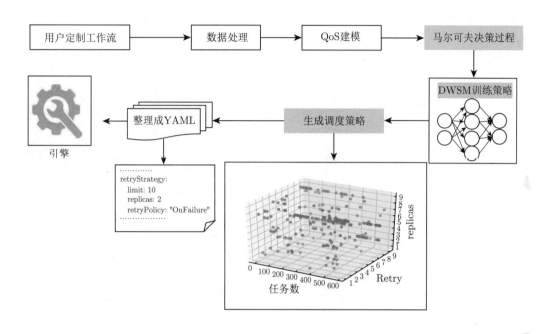

图 3-26　工作流可靠性调度模块图

由于工作流调度引擎是基于 Kubernetes 自定义资源功能实现的，而 Kubernetes 的资
源声明都是通过 YAML 文件来表述，所以最终工作流调度策略生成器将生成的工作流调度
策略整合成符合 Kubernetes 资源定义标准的标记语言（YAML Ain't Markup Language，
YAML）文件，并将其传递给工作流调度引擎，从而完成这个调度过程。

本章的旅行规划场景可作为对上述工作流可靠性调度的场景验证，如图 3-27 所示。该
场景下的流程有五个任务，分别是查询旅行目的地（TravelAdvisor-locations）、查询航班
情况（GoogleFlightSearch），继而查询目的地餐厅（TravelAdvisor-restaurants）、查询目
的地酒店（TravelAdvisor-hotels），以及查询当地的景点（TravelAdvisor-attractions）。

如图 3-27 所示为旅行场景的流程示例，此次流程执行并未施加任何冗余策略。该流程
利用用户行程（出发城市、目的城市、日期）向用户推荐相关航班，以及目的地旅馆、餐馆、景
点。流程的一个分支将用户的出发城市和目的城市从"Travel Advisor-locations"转换为地

理位置编号。然后将目的城市的地理位置编码作为输入，分别利用三个不同的 API 得到不同的信息：利用 TravelAdvisor-attractions，得到目的地的景点信息；利用 TravelAdvisor-hotels，得到目的地的旅馆信息；利用 TravelAdvisor-restaurants，得到目的地的餐馆信息。流程的另一分支将出发城市、目的城市的航线代码和日期作为输入，利用 GoogleFlightsSearch，得到航班信息。

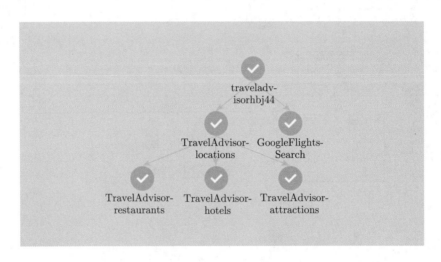

图 3-27　旅行场景流程示例

如图 3-27 所示，其中每个带有对勾的节点表示一个任务（实例）。该工作流是不施加冗余策略的，即每个任务只有一个实例，并且每个任务下没有分支作为其冗余实例（如图 3-28 所示带有方框的节点）。在工作流执行过程中，失败通常是随机发生的。因此，为了保证工作流的成功运行，我们采用冗余策略来提高工作流的可靠性。结果如图 3-28 所示，其中每个任务下的分支（用方框标记）是冗余策略生成的冗余实例。在这里，每个实例名称都有两个标签，其中第一个数字表示任务重新启动的次数，第二个数字是每次重新启动中的副本。

我们可以观察到两个实例（TravelAdvisor-hotels（0）（1）、TravelAdvisor-hotels（0）（0））在第一次运行时都失败。然后重新启动，直到实例成功运行（TravelAdvisor-hotels（1）（1）、TravelAdvisor-hotels（1）（0））。因此，这也意味着此任务（TravelAdvisor-hotels）成功运行。在这个示例中，我们采用了每个任务两个副本的冗余策略，为每个任务选择相对较少数量的副本、使用较少的资源来确保整个工作流的可靠性。

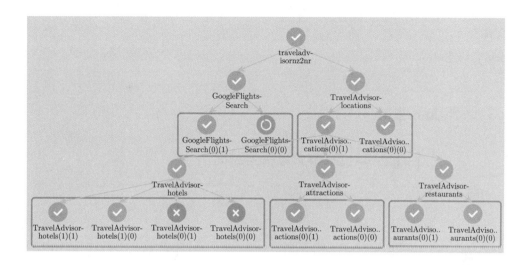

图 3-28　施加冗余策略后的旅行场景流程示例

3.5　本章小结

本章主要介绍了智能微服务的服务需求建模、服务语义建模、服务适配组合三个阶段中所涉及的技术。其中服务需求建模阶段需要根据用户需求建立相应的业务流程，主要用到的核心工具有业务流程建模语言 BPMN、基于自然语言处理的业务流程建模、BPMN 业务流程一致性检测工具。服务语义建模目标是根据服务描述对海量服务中的语义信息进行提取分析和组织存储，并进一步支持查询推荐，本章主要介绍了服务接口规范与接口语义提取、服务语义标注、服务智能分类方法、服务知识图谱构建方法。服务适配组合是基于服务需求建模和服务语义建模中各自的工具，组合成具有一定总体功能的流程。其中主要介绍了服务适配组合的两种编排方式：Orchestration 和 Choreography，以及详细阐述了服务适配组合执行阶段中服务流程的部署和可靠性执行过程。最后应用"旅行场景"对上述三个阶段进行了实际应用说明，从一定程度上验证了这三个阶段各个功能的有效性。

智能微服务持续集成

本章介绍第 1 章中智能微服务适配设计开发回路中持续集成的基本框架，特别是服务适配检测部分的内容。服务适配功能检测的目标是从代码、API 和软件架构三个层次来系统检查微服务系统是否存在服务功能失配的风险，找出可能存在的质量缺陷，以便辅助软件设计开发人员改进服务适配质量。

本章具体包括：持续集成的基本概念；主流的持续集成开源工具，特别是 GitLab 持续集成框架；服务适配功能检测的智能持续集成方法。

4.1 持续集成的基本概念

持续集成（Continuous Integration，CI）又译为持续整合，是一种软件工程流程，是将所有软件工程师对于软件的工作副本持续集成到共享主线（mainline）的一种举措。该名称最早由 Grady Booch 在他的 Booch 方法[25] 中提出，在测试驱动开发（Test-Driven Development，TDD）的做法中，通常还会搭配自动单元测试。持续集成的提出主要是为解决软件进行系统集成时面临的各项问题，在快速迭代软件代码的同时保证软件产品的质量。尤其在软件需求不明确或频繁变更时，运用持续集成技术，不断快速更新软件代码，能够确保软件产品能时刻处于可工作状态，在任意时间都可以发布和部署。

在持续集成模式中，团队成员会频繁集成他们的工作成果，一般每人每天至少集成一次，也可以多次。每次集成都要经过自动化的软件质量检查工具，包括静态扫描、安全扫描、自动测试等，以尽快发现集成中的错误。通过持续集成的质量保障方法，可以显著减少大规模复杂软件系统集成容易引起的各种质量问题，帮助软件团队实现敏捷开发，并加快团队合作进行软件开发的速度。

持续集成对支撑微服务系统的快速开发起到了至关重要的作用，已经成为微服务开发的标准模式。因而微服务架构的广泛应用，也被视为 DevOps 兴起（包含持续集成和持续交付）的推动因素[26]。在微服务的 DevOps 流程中，微服务模块的质量保证要通过持续功能测试来实现，特别是在微服务软件部署前对软件功能的正确性进行检查确认。除了确保微服务功能的正确性，研究人员试图拓展持续集成中快速自动化质量保证涉及的质量要素，包括性能、可靠性、可用性、可伸缩性等，形成功能完备的持续集成质量检查流水线。下一节将具体介绍持续集成流程和主要的开源工具。

4.2　主流的持续集成开源工具

持续集成工具能够有效地支撑分布式开发团队快速地更新、持续地集成，按照用户需求变化频繁地演化服务系统。本节将介绍微服务持续集成流程、持续集成常用的相关工具，并以 GitLab CI 为例介绍微服务持续集成的主要操作流程。

4.2.1　微服务持续集成流程介绍

在微服务持续集成中，包含的关键要素主要为源代码库、持续集成系统、自动化测试脚本。一个典型的持续集成过程为：开发团队基于自己的源代码库（如 Git）建立持续集成系统，当团队成员对源代码进行更新并提交到源代码库后，持续集成系统先从版本控制服务器下载更新后的代码，然后调用自动化编译脚本进行编译，并运行开发人员预先编写的所有自动化测试脚本，最后将测试结果生成报告文件反馈给开发团队，开发团队根据反馈结果进行下一轮的代码迭代更新，并触发新一轮的持续集成过程[27]。

持续集成是系统持续提供可交付版本软件并且保证软件质量的一种开发方法。它主张开发成员尽可能早、尽可能快地将各自开发的代码集成起来，每次集成都通过自动化的构建（包括静态代码扫描、编译、自动化测试、发布等）来验证，从而尽早地发现集成错误，避免项目延期或者项目失败的风险。持续集成系统的基本价值在于完全自动化构建和自动化测试。当微服务产生后，持续集成流程需要对这种可以独立部署的服务进行相应的优化。当有十多个甚至更多微服务同时运行的时候，如何建立起与之的映射，即微服务、持续集成的构建与源码的映射变得极为重要。针对微服务的智能化持续集成的整体流程如图 4-1 所示。

图 4-1　智能化持续集成的基本流程

如该流程图所示，开发者首先将项目代码推送到代码存储仓库（如 GitLab、GitHub等），同时编写对应的配置清单，代码仓库就可以基于配置清单，完成对项目代码的自动编译，进而对项目质量进行全面的智能检测，检测分为代码、程序接口（API）和软件架构三个层次。通过质量检测的项目会最终进行测试验证，而通过了测试验证的项目，会利用容器技术封装打包为镜像，部署到云端的运行环境，为后续的步骤（如持续交付/部署，详见第 5 章）做准备。

4.2.2　相关工具分析

本小节将介绍并比较持续集成常用的相关工具，并以 GitLab CI 为例，介绍 GitLab CI 的一些基本概念，以及一个基于 GitLab CI 的智能微服务项目实例。下面比较几种常见的 CI 工具的优缺点。

1. GitLab CI

GitLab CI[28] 是为 GitLab 提供持续集成服务的一整套系统，可以让开发人员通过修改配置文件在项目中配置 CI 流程，在对代码进行更新后，系统可以自动/手动地执行任务，完成 CI 操作。由于 GitLab CI 允许自定义构建和测试过程（包括编译器的选择、测试套件中参数的设定等），因此开发人员可以在许多他们无法访问的环境中测试他们的修改。当代码版本库中的代码被更新后，GitLab CI 会建立一个新任务，并根据开发人员预先定义好的相关配置，进行代码质量检测、编译等一系列指定操作。首先，GitLab CI 初始化虚拟机、克隆存储库，并安装构建软件系统所需的相关包。然后，GitLab CI 构建并测试更新后的代码源文件。最终，GitLab CI 进行微服务镜像打包工作。如果在各个阶段出现任何问题，则认为该任务失败并立即停止该任务中后续阶段的工作。

GitLab CI 的优点是：

❏ 继承了 Git 和 GitHub 的特性及优点。

❏ 支持为项目提供全面的分析。

❏ 支持 Docker 容器。

❏ 项目可以分为多个分支，从而支持有组织的代码管理。

❏ 支持用户编写 CI 配置文件，实现高效的自动化流程管理。

GitLab CI 的缺点是：在升级时容易导致出现问题。

下面针对 GitLab CI 平台的一些基本概念做一个简单介绍，如图 4-2 所示。

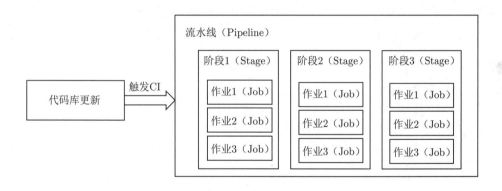

图 4-2　Job、Stage 及 Pipeline 之间的关系

（1）流水线（Pipeline）

流水线是 GitLab CI 的顶级组件，是一个分成不同阶段（Stage）的作业（Job）的集合，可以像流水线作业一样执行多个作业。在新代码提交后，GitLab 会以最新的代码为基础，建立一个流水线，在同一个流水线上产生的多个任务中所用到的代码版本是一致的。

（2）阶段（Stage）

阶段是对多个作业在逻辑层面上的一个划分，每个 GitLab CI 都必须包含至少一个阶段。一个典型的流水线可能包含四个阶段，并按顺序执行：build、test、staging 及 production 阶段。在流水线中，可以将多个任务划分在多个阶段中，只有当前一阶段的所有任务都执行成功后，下一阶段的任务才可被执行。但如果某一阶段的任务均被设定为"允许失败"，则这个阶段的任务执行情况不会影响到下一阶段的执行。

（3）作业（Job）

作业是 GitLab CI 系统中可以独立控制并运行的最小单位，可以被关联到一个阶段，当一个阶段执行的时候，与其关联的所有作业都会被执行。若在有足够的 Runner 的前提上，处于同一阶段的所有作业会并发执行。在提交代码后开发者可以针对特定的 commit 完成一个或多个作业，从而进行 CI 操作。

（4）GitLab CI 流水线实例

如图 4-3 所示，这是一个典型的微服务项目在 GitLab CI 平台上的实例，主要包含代码检测及错误修复、API 误用检测、架构检测、智能分析以及微服务镜像打包。根据需要，开发人员可以在流水线的各个阶段添加相应的检测项（如在智能检测阶段中，可以使用不同的算法对检测结果进行优化），从而实现微服务项目自动化部署及智能化检测。整条流水线从左向右依次执行，每一列均为一个阶段，而列中的每个可操控元素均为任务。图中各阶段是自动执行的任务，在新代码提交后即可自动开始运行，执行成功或失败后，均可以点击任务右边的按钮重试。

图 4-3　GitLab CI 流水线实例

2. Jenkins

Jenkins[29] 是一款免费的开源软件，用于持续集成和持续交付。Jenkins 是用 Java 编写的，并且支持构建、测试和部署，它还支持版本控制系统，如 Git 和基于服务器的功能。

Jenkins 的主要功能来自其庞大的插件支持，目前已有 1400 多个插件，几乎可以满足所有持续集成（CI）需求，并且 Jenkins 允许用户创建新插件与社区分享。

Jenkins 的优点是：

❑ 安装简单，工具易于使用（具有预构建的软件包）。

❑ 数量、种类繁多的插件支持，超过 1500 个插件。

❑ 支持分布式主从架构构建。

❑ 预构建步骤中支持的 Windows 外壳程序和命令。

❑ 支持 Windows、Linux 和 macOS 平台。

❑ 支持本地托管。

Jenkins 的缺点是：

❑ 许多插件没有主动维护。

❑ 安装过多的插件容易导致 Jenkins 运行速度减慢。

❑ 缺乏基于云的基础架构。

❑ 没有对团队成员的部署进行直接的详细分析。

❑ 维护较复杂。

3. Travis CI

Travis CI[30] 是一个持续集成服务，对于开源项目是免费的。Travis CI 只需简单的设置就可以与 GitHub 集成配置，从而在指定时间自动运行测试。通常情况下，Travis CI 会在创建拉取请求或将代码更新到 GitHub 后自动检测到代码变动并相应测试，并且该工具允许用户同时在 Mac 和 Linux 操作系统上进行测试。

Travis CI 的优点是：

❑ 支持多种语言，如 C、C#、PHP、Python、Java、Perl 等。

❑ 支持部署各种云服务。

❑ 支持拉取请求和分支构建流。

❑ 与 GitHub 集成方便。

Travis CI 的缺点是：

❑ 与 GitHub 以外的集成效率较低。

❑ 项目较多时，运行速度可能较慢。

4.3　智能化的持续集成方法

　　智能化的持续集成从代码、应用程序编程接口（API）和微服务架构三个层次对微服务系统进行系统性检查，以找出可能存在的质量问题，利用 CI 工具及质量检测工具对微服务系统进行自动化检查，并结合大数据、机器学习等算法对其进行智能化分析，生成分析结果的可视化展示报告，从而辅助软件设计开发人员改进微服务应用的质量。

　　智能化持续集成流程如图 4-4 所示。软件设计开发人员每次将代码提交到仓库时，会自动触发 CI 过程，在该过程中，首先调用质量检测工具如 SonarQube[31]、JQAssistant[32]等对微服务应用进行代码、API 及架构层次的检查，并将检查的结果数据提交到数据库，然后智能分析工具会利用大数据、机器学习等技术并基于数据库的数据对开发人员提交的代码进行智能化分析，同时将分析结果生成可视化展示报告反馈给开发人员，从而达到智能化辅助开发人员的目的。

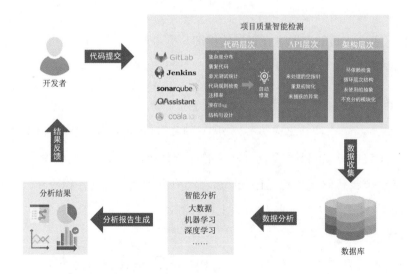

图 4-4　智能化持续集成项目质量检测

4.3.1　持续集成代码质量管理

　　持续集成是系统持续提供可交付版本软件并且保证软件质量的一种开发方法。它主张开发成员尽可能早、尽可能快地将各自开发的代码集成起来，每次集成都通过自动化的构建（包括静态代码扫描、编译、自动化测试、发布等）来验证，从而尽早地发现集成错误，避免项目延期或者项目失败的风险。持续集成系统的基本价值在于完全自动化构建和自动化测试，并在此过程中引入智能化的代码检测和错误修复等方法。具有智能的自动化集成流程有利于减少重复过程，以节省时间、费用和工作量。自动化测试相对于传统手工测试效率高、成本低，解决了高重复性测试工作的问题，改变了传统手工测试占用大量项目工程时间的现状，同时能更加充分地测试系统中的各个单元。持续集成系统通过自动化测试，创建了一个快速的质量反馈环，通过早测试、早反馈、早修复来保证软件产品质量。因此，对于微服务这种需要开发多个服务、需求频繁变更的场景，智能化持续集成是保证软件质量的非常重要的开发方式。

目前，持续集成过程中对代码质量问题检测的方式比较单一。比如只能进行代码风格检测或者代码安全性检测，有的则只能进行单元测试，并不能体现智能化。除此之外很少有工具可以对持续集成过程中检测到的代码质量问题进行自动修复。如果开发者将微服务场景下的代码推送到代码仓库后，能够在持续集成的过程中收到本次更新的比较全面的代码质量问题检测和修复结果，将有利于开发者及时对代码质量问题进行排查和修复，从而大大提高微服务场景下持续集成过程的质量和效率。因此本小节将从代码质量检测和代码故障修复两方面进行阐述，以体现智能化的持续集成方法。

1. 代码质量检测

代码质量检测是对应用程序源代码进行系统性检查的工作，其目的一方面是找到并且修复应用程序在开发阶段存在的一些漏洞，防止给应用程序带来安全隐患；另一方面是检查代码中不符合规范的代码格式，方便程序代码后续维护工作。目前，不少公司采用人工形式对代码进行检测或者不检测代码，例如通过举行代码检测会议，让多个程序员检查提交的文件代码中存在的漏洞，以及查看对应文件的代码格式是否符合对应语言的编程规范，检测完毕之后，开发人员根据检测结果进行修复，这种人工检测及修复代码的方式耗时长、工作量大，同时不利于提升开发人员的效率；此外，现存多种开发语言，不同语言的代码规范不一定相同，如果一个项目涉及多个开发语言，人工代码检测又会使得开发效率更低。本书所述代码检测工具集旨在服务适配演化过程中提供一种检测代码的方法，支持多种编程语言，如 Java、C#、C/C++、PL/SQL、Cobol、JavaScript、Groovy 等的代码质量管理与检测，帮助开发人员进行代码检测并且解决现有技术中对代码检测及修复效率较低的问题。典型的代码质量检测流程如图 4-5 所示。

如图 4-5 所示，代码扫描器首先用来获取源代码，或者通过配置文件来设置要获取源代码的位置。获取源代码后，会给代码质量分析器发送分析请求。分析器接收到请求后，随即开始分析项目的源代码。当分析完成后，分析结果将存储在数据库中，供将来参考和历史跟踪。最后，可以从 Web 浏览器或仪表板查看分析报告。值得一提的是，此分析过程由构建服务器在持续集成的环境中触发。

扫描器　　　　　源代码
（Scanner）　　（Source Code）

分析器
（Analyzer）

数据库　　　　分析报告

图 4-5　代码质量检测流程示意图

下面以一个常用的代码质量检测工具 SonarQube 为例，来详细介绍代码质量检测的流程和步骤。

SonarQube[31] 是学术界和工业界最常用的开源静态代码分析工具之一。SonarQube 是由 sonarcloud.io 平台提供的服务，也可以下载并在专用服务器上执行。SonarQube 是一款用于代码质量管理的开源工具，它主要用于管理源代码的质量。通过插件形式，它可以支持众多计算机语言，可用于快速定位代码中潜在的或明显的错误，帮助用户发现代码的漏洞、Bug、异味等。SonarQube 平台的使用流程如图 4-6 所示。

SonarQube 平台主要有以下 4 个组成部分。

1）SonarQube 服务器，包括所有项目的配置和结果的页面展示，实际包含 3 个独立的进程。

❑ WebServer，负责页面展示，主要让开发人员和管理员查看项目情况，包括页面直接配置等。

- □ SearchServer，这里使用开源的、基于内存的 ElasticSearch 作为后台的搜索服务，搜索请求一般直接从页面发出。

- □ ComputeEngine，主要负责处理源码分析报告，并且把这些报告结果存储到数据库中。

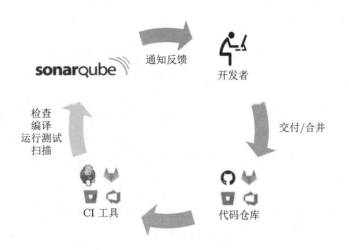

图 4-6　SonarQube 平台的使用流程

2）SonarQube 数据库，存储 SonarQube 的安全配置、全局配置、插件配置以及项目的质量快照、展示内容等。

3）SonarQube 插件，安装在服务器端，包括代码语言、代码管理工具、第三方集成、账户认证等各种类型的插件。

4）SonarQube 扫描器，运行在构建或持续集成的服务器上的一个或多个扫描程序，执行项目分析任务。

SonarQube 平台只能有一个 SonarQube 服务器和一个 SonarQube 数据库，如果需要扫描大规模项目的场景并且保证最佳性能，那么每个模块（SonarQube 服务器、SonarQube 数据库、SonarQube 扫描器）可以分离安装到不同的虚拟机或物理机。而 SonarQube 扫描器可以有多个，而且可以实现横向扩展。

SonarQube 可以从七个维度检测代码质量：

1）复杂度分布（complexity）：代码复杂度过高将难以理解。

2）重复代码（duplication）：程序中包含大量复制、粘贴的代码而导致代码臃肿，Sonar-Qube 可以展示源码中重复严重的地方。

3）单元测试统计（unit test）：统计并展示单元测试覆盖率，开发或测试人员可以清楚测试代码的覆盖情况。

4）代码规则检查（coding rule）：通过 Findbugs、PMD、CheckStyle 等检查代码是否符合规范。

5）注释率（comment）：若代码注释过少，特别是人员变动后，其他人比较难接手；若过多，又不利于阅读。

6）潜在的 Bug（potential bug）：通过 Findbugs、PMD、CheckStyle 等检测潜在的 Bug。

7）结构与设计（architecture & design）：找出循环，展示包与包、类与类之间的依赖、检查程序之间的耦合度。

SonarQube 支持对常见的编程语言进行质量检测。在检测的过程中，SonarQube 会自动计算几个指标，比如代码行数和代码复杂度，并验证代码是否符合为大多数通用开发语言定义的一组特定的"代码规则"。如果分析的源代码违反了代码规则，或者规则超出了预定义的阈值，SonarQube 就会生成一个"问题"。SonarQube 包括可靠性、可维护性和安全性规则。可靠性规则也被命名为"bug"，它会产生问题（代码违规），表示代码中有错误。"代码异味"被认为是降低代码可读性和可修改性的代码中的"可维护性相关问题"。值得注意的是，SonarQube 中采用的术语"代码气味"并不是指众所周知的传统代码气味，而是指一组不同的规则。传统的代码气味"通常对应于系统中更深层次问题的表面指示"，但它们可以是不同问题的指示（例如，Bug、维护工作和代码可读性），而被 SonarQube 分类为"代码气味"的规则只涉及维护问题。此外，传统的 22 种代码气味中，只有 4 种被 SonarQube 分类为"代码气味"（复制代码、长方法、大类和长参数列表）。SonarQube 还将这些规则分为五个严重级别：阻碍、严重、主要的、次要的和提示。

用户无法对 SonarQube 已有的代码检测规则进行修改，但用户可以根据自己的实际需求创建新的代码检测规则。在 SonarQube 平台中，其支持三种方式向 SonarQube 添加代码规则：

1）用 Java 编写一个 SonarQube 插件，使用 SonarQube API 来添加新规则。

2）直接通过 SonarQube Web 界面添加 XPath 规则。

3）导入由独立运行的工具生成的通用问题报告。

Java API 比 XPath 可用的功能更全面，通常更可取。但是，这伴随着维护 Sonar-Qube 插件的开销（包括在 API 更改时保持最新状态，在发布新版本后升级插件）。当对 SonarQube 实例上的项目子集有非常特殊的需求时，导入通用问题报告是一个很好的解决方案。它们是最灵活的选项，但缺乏一些功能（例如通过包含在质量配置文件中来控制它们的执行）。

2. 代码故障修复

众所周知，开发软件是一个复杂的过程，创建出的软件项目通常会出现各种错误，比如空指针异常和内存泄漏，这些错误可能会造成严重的后果。然而手动纠正这些错误是冗长、困难和耗时的过程，因此智能化的自动修复代码故障就显得尤为重要。代码故障自动修复是近十年来出现的用于修复程序中的实际错误的研究领域，其主要目标是通过自动生成修复来解决其程序中存在的错误，从而减少维护的成本和时间。

目前，一些工具和技术可自动查找和修复规模较大的源代码中的错误[33,34,35]。该过程类似于人工调试过程，不同之处在于所有操作均以自动编程方式完成，同时引入神经网络等智能化方案，提高修复的效果和效率。智能化的代码自动修复方法一般包括三个阶段，分别是"错误定位""修复生成"和"修复验证"。典型的代码故障智能修复的流程如图 4-7 所示。

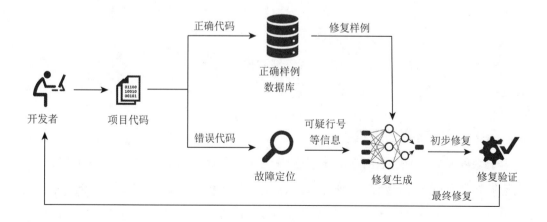

图 4-7 代码故障智能修复流程示意图

如图 4-7 所示，开发者在提交一份项目代码时，如果代码正确，不包含任何错误，项目正常执行，代码则会被存储在包含正确样例的数据库中；如果代码错误，项目执行出错，则开始执行智能代码故障修复工具。代码故障修复工具首先会对代码故障进行定位，找到出错的文件、出错的代码行号等信息，并将该信息和出错代码一并传给负责生成修复结果的神经网络，同时来自正确样例数据库中的修复样例此时也会传给修复神经网络，这些修复样例会作为神经网络训练时的正反馈。在神经网络完成训练得到初步修复后，则需要对修复结果进行验证。只有通过验证的修复，才可以反馈给开发者，进而帮助开发者修改完善。这样的过程就实现了智能化的代码自动修复，保障了项目的持续集成。

下面以一个常用的代码质量检测工具 Coala 为例，详细介绍代码质量检测的流程和步骤。

Coala[36] 是一款用于代码故障修复的开源工具，Coala 提供了一个统一的命令行界面来检查和修复用户的所有代码，不管使用的是什么编程语言。使用 Coala，用户可以创建源代码中要遵循的规则和标准。Coala 有一个完全可定制的用户友好界面。它可以在任何环境中使用，并且是完全模块化的。Coala 有一套官方的插件，涵盖了目前流行的编程语言，如 C/ C++、Python、JavaScript、CSS、Java 等。

Coala 允许普通用户根据特定的质量要求检查代码。Coala 的检查规则以插件的形式存储。用户可以很容易地将自己的项目文件，用 Coala 的所有规则进行检查和修复。如果用户不满意 Coala 原装的插件，也可以轻松地编写自己的插件。Coala 是基于易于扩展的思想编写的，这意味着：它没有大的样板文件，只需用一个例程编写一个小对象，添加用户自定义的参数，然后就可以实现自动化设置组织、用户交互和执行并行化等流程。总之，除了编写算法，用户不需要关心其他任何事情。

此外，Coala 支持以非交互模式运行，这种模式适合于微服务场景下多个代码库多个构建的持续集成过程。

4.3.2 API 误用检测与纠错

由于编程人员在使用 API 时忽略文档或者难以理解 API 等，出现误用 API 的情况，从而给软件带来缺陷或者隐患。例如在 Android 开发过程中，如果一个对象已经为空，其他地方代码再次使用该对象时，如果不做判断是否为空的处理，那么该程序会经常出现空指针异常的问题，因此检测 API 误用在软件开发中起着越来越重要的作用，市面及 GitHub

上出现了多种多样的静态分析工具，如表 4-1 所示。人工检测这些 API 的使用一方面维护成本很高，另一方面效率比较低。针对这些问题，本书研究了智能 API 误用检测并实现了一种基于堆栈化长短期神经网络的 API 误用检测方法。

API 误用检测方法可以分为两类：一类是通过自然语言处理（Natural Language Processing, NLP）、知识图谱（Knowledge Graph, KG）、图神经网络（Graph Neural Network, GNN）等技术在 API 文档中提取 API 的使用规约，之后检测程序代码是否遵循此规约，达到检测 API 是否存在误用的目的，本书称此方法为文档规约的提取与监测；另一类是通过采集应用程序中使用某个 API 的代码作为数据集，使用机器学习、深度学习等技术，通过对训练数据集的程序代码提取相关的规则，之后对测试集检测是否存在违反提取的规则，进而达到检测 API 是否存在误用的目的，本书称此方法为程序规约的提取与检测。

表 4-1　API 误用检测及修复工具

工具	编程语言	GitHub 地址
Nopol, DynaMoth	Java	https://github.com/SpoonLabs/nopol
NPEFix	Java	https://github.com/SpoonLabs/npefix
jGenProg, jKali, jMutRepair, Cardumen	Java	https://github.com/SpoonLabs/Astor
ARJA，ARJA-GenProg，ARJA-RSRepair，ARJA-Kali	Java	https://github.com/yyxhdy/arja
Avatar	Java	https://github.com/SerVal-DTF/AVATAR
TBar	Java	https://github.com/SerVal-DTF/TBar
SimFix	Java	https://github.com/xgdsmileboy/SimFix

目前学术界针对 API 误用检测提供了具体的设计算法、方案等。例如，Li 等人研究了基于频繁项集的 API 使用规约挖掘技术，并研发了一个挖掘和检测工具 PR-Miner[37]。PR-Miner 的主要功能包含自动提取隐式的编程规则和自动检测违反这些编程规则的情况。其高层思想是从源码中找出一些经常使用的元素，包括函数、变量和数据类型等，为发现元素之间的相关性，PR-Miner 把问题转变成频繁项集挖掘的问题，通过数据挖掘进一步发现编程中的元素使用规则，PR-Miner 通过检测违反规则的 API 使用情况后，形成 API 误用的检测报告。PR-Miner 在 Linux、PostgreSQL 源码上进行实验，提取了 32000 条编程规则，并证实了 23 个报告缺陷。Zhong[38] 等人提出的 Doc2Seq 方法，使用自然语言处理

技术来分析 API 文档中的自然语言，从 API 文档中推出与资源使用有关的规约。根据提取的规约对代码进行检测，作者在 5 个广泛使用库的文档上进行实验，结果表明该方法能以较高准确率推断不同规约，并且可以在开源项目中发现新缺陷。

Wang[39] 等人研究了 n-gram 模型，并研发了一种缺陷检测工具 bugram。该工具基于代码中的调用和控制流信息，利用 n-gram 语言模型，在缺陷检测阶段，bugram 计算出所有序列的概率，并且报告概率最低的序列作为疑似缺陷。作者在 16 个新版本的 Java 项目上，共检测出 59 个 Bug。Ming Wen[40] 等人提出了基于 Mutation 分析的检测方法，把 API 误用看作 API 正确使用的变异版本，可以对正确用法进行变异生成大量 API 用法变种；其次，这些变异用法可以经过执行测试用例、分析执行信息来验证是否为 API 误用，从验证的结果中，学习该 API 如何被误用，利用误用模式检测 API 误用缺陷。作者在 16 个项目的 73 种流行的 Java API 上进行实验，该方法发现 API 误用的准确率达到 0.78，在 MUBENCH 数据集上取得了 0.49 的召回率。Sven Amann[41] 等人对静态 API 误用检测器进行了定性和定量的比较，开发了一个 API 误用的分类工具 MUC，研究证实了现有检测器虽然能够检测误用，但精确度以及召回率容易受到影响。

本书根据程序规约的提取与检测，设计了一种基于堆栈化长短期神经网络的 API 误用检测方法，该方法充分利用 API 使用中的特征，提升了 API 误用检测的准确率和召回率。整体方案如图 4-8 所示。

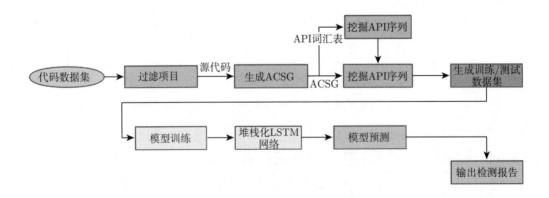

图 4-8　API 误用检测流程图

整体方案可分为静态分析、数据生成以及模型训练和预测三个步骤。每个步骤的具体解释如下。

1. 静态分析

设计 API 调用语法图（Application Call Syntax Graph，ACSG），这是 API 使用情况的一种表示形式，它可以捕获 API 调用和数据交互之间的顺序，从而可以将误用与正确使用区分开。静态分析使用 Javaparser 解析 Java 源代码的结构，生成抽象语法树，进而通过删减无关的详细信息，构造 API 调用语法图（ACSG）。这个语法图包含 API 调用节点、数据变量节点和相关关系的边。我们可以基于 ACSG 进一步开展 API 序列挖掘。图 4-9 显示了 ACSG 的示例。

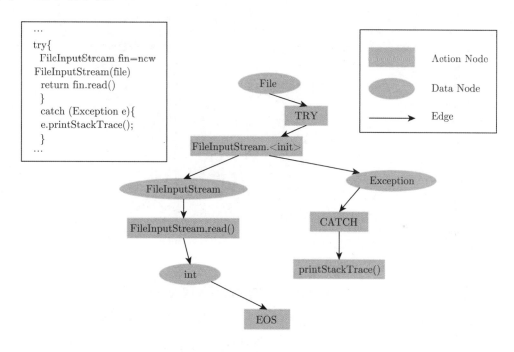

图 4-9　API 调用语法图（ACSG）示例

2. 数据生成

设计一种新的 API 调用序列挖掘算法，该算法可以将所有 API 调用序列生成为 <previous API sequence，next API>。通过学习 API 使用规范，将 Word2Vec 作为预训练模型，以实现每个 API 的表征向量，从而可以利用 API 序列之间的 API 语义特征。数据生成分为以下两个子步骤：

1）API 序列挖掘和生成训练数据。首先，建立一个词汇表，其中存储了所有 API 的信息。代码 4-1 显示了 API 序列挖掘算法。

代码 4-1 API 序列挖掘算法

```
def API_sequences_mine(acsg: ACSG)
    sequences = null
    sequences = find_all_sequence(acsg)
    training_data = generate_training_data(sequences)
return training_data

def find_all_sequence(acsg: ACSG)
    sequences = null
    Start = {nodes are with 0 in-degree in A}
    End = {nodes are with 0 out-degree in A}
    for sequence_in_acsg in all_sequences_in_acsg: // 基于穷举挖掘序列
    if sequence's start node in Start && sequence's end node in End:
        sequences = sequencessequence_in_acsg
return sequences

def generate_training_data(sequences)
    training_data = null
    for sequence in sequences:   //迭代生成训练数据
        sequence -> <previous API sequence, next API>
    training_data = training_datasequence
return training_data
```

一个 API 序列为 $[API_1, API_2, API_3, API_4]$，最后生成的训练数据为 $[<[API_1], API_2>,$ $<[API_1, API_2], API_3>, <[API_1, API_2, API_3], API_4>]$。在生成 API 调用序列并计算生成的 API 序列中 API 调用的频率之后，将建立具有与 API 调用相对应的 API 调用索引的词汇表，并将其保留在本地词汇表文件中。

2）API Embedding。Word2Vec 是一种单词嵌入算法，将单词表示为 d 维向量，可为各种语言任务提供词语的向量化表示。相同上下文中的单词往往具有紧密的联系，具有相似的向量表示。我们将上面生成的 API 调用序列视为文本中的句子，以使相邻的 API 可以在语义上嵌入相似的向量中。API 嵌入是数字表示 API 问题的解决方案。通过 Word2Vec，我们可以将所有 API 序列作为训练的输入，并通过分析上下文 API 的语义信息来获得 API 的语义表示模型。通过此模型，我们可以表示出现在词汇表文件中的每个 API 的嵌入向量。

3. 模型训练和预测

基于先前的 API 调用序列设计 Stacked LSTM 等，用于下一个 API 调用预测。在此步骤中，基于 TensorFlow 框架，我们基于从原始代码片段获得的训练数据来构建深度学习模型。在完成模型训练之后，我们使用模型来预测在某个 API 调用序列之后的下一个 API 调用。通过将预测的 API 调用与目标 API 调用进行比较，可以判断目标 API 调用是否合适。这类序列表示学习任务比较适合采用递归神经网络（RNN）和长短期记忆神经网络（LSTM）。

我们提出了堆栈化 LSTM 网络（S-LSTM 模型），该模型采用一定数量的时间步长的堆叠输入 X_1、X_2、$\cdots$、X_3，以预测输出 y。通过嵌入层，将输入 X 的原始序列分为多个堆栈，从而形成新的输入 $X = X_1, X_2, \cdots, X_s$，其中 s 是堆栈数。因此，我们创建的每个堆栈都可以视为一个新的时间步，并减少了模型成本的时间空间。

每个输入堆栈均包含固定长度的原始 API 序列，该序列被视为进入 LSTM 单元的新输入。S-LSTM 不仅减少了时间维度，而且还代表了先前 API 序列中每个 API 的语义。此外，与其他模型相比，S-LSTM 具有更好的训练和预测性能。

4.3.3　微服务架构检测和重构

代码异味和架构异味都是不好的设计模式体现，这些异味妨碍代码的可理解性并且降低代码的可维护性。由于微服务是一种云原生架构方法，通过许多松散耦合且可独立部署的较小组件互相通信调用来构造系统。这样的微服务架构有引入架构债务的风险，更容易导致架构异味的产生。这些架构异味无疑会给后续微服务系统的演化和运维带来许多问题，需要及早地进行检测，以便在持续集成阶段就可以对微服务架构进行必要的重构和优化。本小节着重介绍微服务架构存在的典型异味、架构异味的检测方法和架构重构方法等。

1. 典型的微服务架构异味

微服务架构异味（反模式）往往破坏了架构设计的基本原则，包括水平可扩展性、故障点隔离和功能分布化等原则。表 4-2 列举了常见的架构异味，并分析了这些异味可能给应用带来的影响以及对应的解决方案。

表 4-2　微服务架构异味类型及影响

异味类型	异味描述	产生影响	解决方案
API 版本异味	API 使用时未定义版本	开发者在使用 API 时，可能对版本产生疑惑，例如不同的 API 版本返回数据格式可能不一致、开发者使用 API 不指明版本、无法确定返回的数据结构	在开发 API 时要指定 API 的版本，以便清楚是在与哪个版本的服务通信
循环依赖异味	在应用程序中存在循环依赖的调用关系，例如 A 调用 B、B 调用 C、C 又调用 A	涉及循环依赖的微服务很难维护或者很难独立复用	根据微服务的类型，重新定义调用方式；使用 API Gateway 模式
企业服务总线（ESB）使用异味	微服务之间的通信使用企业服务总线（ESB）	ESB 增加注册和撤销的复杂度	使用轻量级消息 Bus 代替 ESB
不合理的服务亲密关系异味	其他微服务保持连接到某个服务私有数据，而不是处理其服务	其他微服务和某个服务私有数据连接可能导致处理数据错误	可以将微服务合并
没有微服务网关	不同微服务之间可以直接调用	如果微服务数量特别多，维护变得越来越难	使用 API 网关模式
共享依赖库异味	在不同微服务之间使用共享依赖库	微服务紧密结合，导致不同微服务缺少独立性	不同的库应用在不同的微服务，虽然增加了冗余，但是提升了微服务的独立性
共享数据库异味	不同的微服务能够进入同样的数据库	导致不同的微服务连接到同样的数据，减少了服务的独立性	对于每个微服务使用独立的数据库；在同一个数据库里面，针对不同的服务建立独立的私有数据表
标准过多异味	使用不同的开发语言、协议、框架等等	虽然微服务允许使用不同的技术，但是技术太多在实际中也存在一定问题	对于不同的微服务，认真考虑使用不同的标准或技术
微服务切割异味	微服务没有根据业务能力切割，而是根据技术、数据切割	错误的切割可能增加数据的复杂度	根据业务以及数据需求仔细分析
微服务贪婪异味	在开发中针对每个业务特征倾向开发新微服务	这可能导致系统中的微服务数量爆炸	认真考虑是否有必要新建微服务

2. 微服务架构检测方法

从源代码和配置文件中提取架构模型，并根据检查规则对可能存在的异味等进行扫描。

（1）微服务架构模型的提取和恢复

在进行架构异味检测之前，首先需要进行架构恢复以获取架构元素及其关系。架构恢复是指利用软件系统的现有资源提取信息并建立实际的软件架构，以便开发人员更好地理解当前的软件架构。架构恢复对于缺乏维护和演化信息的系统尤为重要，这些系统往往已经偏离了最初设计的架构。架构恢复不仅仅只是得到了架构当前的状态，它还可以帮助架构师评估软件系统以及软件系统的修改对其架构产生的影响。使用架构恢复可以获取架构是否符合预期、是否存在反模式或架构异味等信息，从而支持架构师根据需要进行重构，以解决相关的问题。使用有效良好的架构恢复技术对于软件后续的拓展和修改等维护工作具有重要意义。目前常见的架构恢复技术多利用代码、文件以及接口等信息进行聚类，从而恢复出软件架构的模块视图。

一般的架构恢复是针对包、类、方法等语法层面的元素进行分析，只需要依据特定编程语言的语法规则即可实现自动化分析。然而，对于微服务层级的架构恢复，由于实现各个微服务的技术、框架差异性较大，一般需要根据目标项目中具体使用的微服务实现技术，来选择合适的架构恢复手段。通常来说，可以根据分析架构所挖掘的信息分为静态挖掘和动态挖掘：

1）静态挖掘。需要在微服务系统持续集成–持续部署的各类静态文件，如源代码程序和标注信息、代码库的提交日志和版本信息、持续集成中的 Build 文件、Kubernetes 平台上应用部署的静态描述 YAML 文件等中，挖掘微服务架构不同层次的描述信息。

2）动态挖掘。在微服务系统运行过程中，通过收集微服务组件的通信交互信息，还原其动态的调用关系。通过补充这些动态交互关系，进一步完善微服务的架构拓扑图模型。通过对上述信息的分析和挖掘，形成对微服务各功能组件的调用关系图和部署依赖需求，从而全面还原微服务系统的架构模型。

下面列举几个主要的代表性研究工作。Nuha Alshuqayran[42] 等人使用模型驱动工程（Model Driven Engineering）的方法实现对微服务架构的恢复。该工作对 8 个基于微服务的开源项目进行分析，定义了一个微服务架构的元模型及相关映射规则，用于映射软件和元模型之间的关系，然后通过分析项目构建（Maven 或 Gradle）配置文件获取微服务的基本信息，最后使用 Zipkin 等工具来跟踪微服务之间的通信，进而构建出一个微服务调用关系图。

Giona Granchelli[43] 等人提出了一个基于微服务的架构恢复工具原型，称为 MicroART。MicroART 遵循模型驱动工程原则，能够生成基于微服务系统的软件架构模型，生成的架构模型可以由软件架构师进行管理。该工具通过分析 GitHub 提交信息及在程序运行时记录的日志，获得逻辑架构的微服务信息及微服务之间的消息交互关系。

JQAssistant[44] 是一个通过 Java 源代码分析，生成软件架构知识图谱的工具。它通过提取代码中类、方法、参数等信息，转化为具有节点与调用关系的图结构，并存储到 Neo4j 图数据库当中。基于这些图数据，人们可以使用 Cypher 语言来定义查询规则，对软件架构涉及的各类属性和依赖关系进行检测和分析。

代码 4-2 为一个用户信息服务代码片段，显示了一个 UserInfoController 类的定义，这个类是一个标准的 SpringRestController，可以实现 Restful 服务。它同时定义了两个成员函数 getUserInfo 和 createUserInfo，这两个函数通过 RequestMapping 的修饰机制声明为 Restful 的服务。JQAssistant 可以解析这段程序，转化生成对应的软件架构知识图谱。图 4-10 为转化后的图结构。

代码 4-2　　UserInfoController 类代码

```
@RestController
@RequestMapping("/users")
public class UserInfoController{
    @Autowired
    private UserInfoService  userInfoService;
    @RequestMapping(value = "/current",method = RequestMethod.GET)
    public Principal getUserInfo(Principal principal){
    return principal;
    }

    @PreAuthorize("oauth2.hasScope('server')")
    @RequestMapping(method=RequestMethod.POST)
    public void createUserInfo(@Valid @RequestBody User userInfo){
        userInfoService.create(userInfo);
    }
}
```

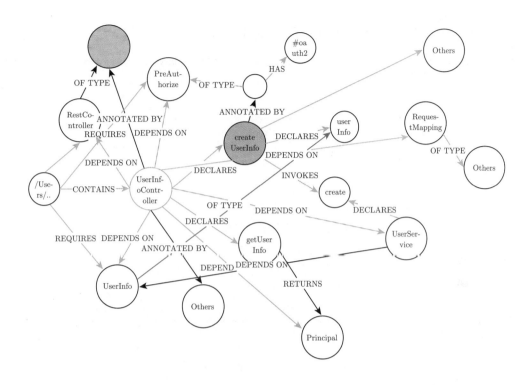

图 4-10　代码图结构

在图 4-10 中可以看到 UserInfoController 类相关的各方面要素。图中最左边的节点代表这个项目的 JAR 文件，它包含了 UserInfoController 类。而这个类又与它所定义的每个方法和相关变量通过有向边相连，并列出各个方法的参数、返回值、类型以及方法调用关系。基于上面的图数据，我们可以设计 Cypher 查询语句，通过遍历搜索，将具有远程调用关系的类和方法进行提取，得到图 4-11。例如查询具有 RequestMapping 修饰的方法，就可以列出所发表的 Restful API 的名字和对应的 HTTP 信息。图 4-11 比较清楚地展现了微服务系统中不同 API 的调用关系，描绘了整个微服务调用链通过 HTTP 形成的逻辑架构，更加方便后续对微服务架构的异味分析和检查。

微服务架构模型不仅需要对源代码相关信息抽取服务之间的调用关系，还需要对微服务架构其他要素进行抽取，例如：共享的数据库、支持服务调用的消息总线和各种服务通信流量控制组件等。Jacopo Soldani[45] 设计了新的微服务架构模型，把调用关系图中的节点从一般的服务节点扩展到通信模式、消息总线、API 网关等。要提取上述节点信息，首先需要对 Kubernetes 的部署文件进行解析，随后通过动态挖掘的方法来确认更细致的组件通信关系。这里可以基于第 2 章所提到的边车技术，对各容器之间的通信交互消息进行更细粒度的检测和分析，以确认包括负载均衡、消息路由、流量管控等在内的架构连接拓扑结构。

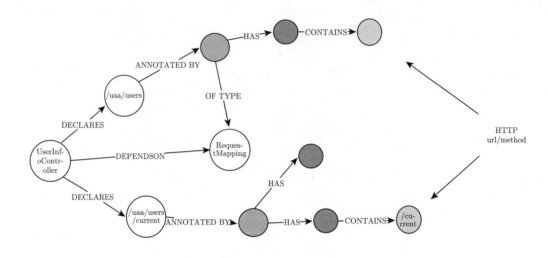

图 4-11　微服务调用关系结构

（2）微服务架构异味的自动检测

目前对于微服务架构异味的自动检测主要依赖基于规则的架构异味检测方法，即在获取的微服务软件架构模型基础上，根据每个架构异味模式的特点，设置相应的逻辑规则进行扫描核查。

1）循环依赖异味检测方面。循环依赖异味指在微服务中存在循环调用链，例如服务 A 调用 B，B 调用 C，C 又调用 A。这样的循环依赖很难维护或者复用。我们可以参考上文介绍的微服务调用链提取方法，并借助 Cypher 查询规则，进行循环依赖检测。具体地说：首先，扫描 docker-compose.yml、Dockerfile、application.yml 等文件，形成完整的微服务名字列表。其次，针对列表中的每个微服务 serviceX，挖掘其服务相关的 Java 源代码文件，生成软件架构图，并且查询其依赖模式。例如，如果匹配 dependencyPattern ＝"@FeignClient（name ＝"serviceY）"，那么有依赖"serviceX -> serviceY"。最后，对所有微服务的依赖子图进行检测，确定其是否存在循环。

2）数据库共享异味检测方面。数据库共享异味是指多个微服务组件共享同一个数据库资源的情况，例如在上文的例子中，我们使用 MongoDB 来存储相关数据，并基于 Spring

Data 定义持久性实体层，以支撑多个微服务的数据访问。参考上文介绍的软件架构图提取和查询方法，我们可以检查跨服务的 MongoDB 集合的使用情况，如果观察到不同服务之间都调用该数据库，判断可能存在数据库共享异味，应当做更进一步的分析，确定是否需要架构重构来消除该异味。

3）鲁棒性是架构设计非常重要的方面。它能够应对生产环境中的故障，以免整个系统的崩溃。通常，我们可以采用诸如断路器（circuit breaker）和响应回退（response fallback）之类的主流机制，以避免让故障影响到上层服务，为了检查所有端点或 HTTP 客户端是否已实施了正确的回退，我们可以使用 Cypher 查询，通过遍历 FeignClient 注释，来查看它们是否具有声明为 fallback 的属性。如果发现没有 fallback，说明微服务设计中缺少了对可能发生的各种异常情况的 fallback 处理机制，有可能导致微服务在鲁棒性方面存在一定缺陷。

3. 微服务架构的重构和演化

要解决微服务架构的异味问题，就需要对微服务架构进行持续的重构和演化。基于微服务架构的形式化模型，我们在发现了存在的架构异味之后，就需要根据一定的原则对有问题的微服务架构进行调整，通过增加、删除、分割微服务组件来重构微服务架构，实现微服务架构的良性演化。

（1）基于水平可扩展性原则

水平可扩展性容易受到如下两个微服务架构异味的影响：缺乏 API 网关和点对点的服务交互异味。缺乏 API 网关的异味设计会导致外部的客户端直接调用内部的软件组件，而无法对这种外部调用实施有效的安全检查和流量分发等管理。而点对点服务交互的引入会导致两个服务节点之间的硬连接，无法实现动态的服务发现、负载均衡和多版本的灰度更新，等等。解决这类问题的通常方式是在架构中加入 Service Mesh 的消息路由器，通过数据平面接管服务之间的直接通信，以支持服务发现和异步通信。

（2）基于故障点隔离原则

微服务应用中的故障需要实现隔离，也就是说每个服务在调用其依赖的服务时，应该可以容忍可能发生的故障。如果没有这样的故障隔离机理，当一个服务调用发生问题的时候，可能会产生故障问题的传递影响，导致连锁式的失效现象。解决这类问题的一种方式是，在两个服务交互环节上加入熔断器，实现在调用超时发生时，自动产生通信的熔断，以切断交互路径方式，阻断调用故障的传播，使得上游服务进行合理的例外处理。

（3）基于功能分布化原则

微服务架构原则通常要求微服务对数据库的访问应该分布化，不应该与其他微服务共享数据实体，否则存在共享数据库异味。因为微服务设计强调松耦合和频繁版本更新，这对传统单体软件系统中集中式数据库共享方式产生了挑战。微服务设计开放人员必须根据需求变化，不断地调整微服务组件所需要的数据格式，如果不同的微服务组件共享统一的数据库格式，就很难实现独立的软件版本演化。

消除共享数据库异味大体上有三种做法：数据分割、增加数据管理组件、合并数据访问微服务。具体的架构重构方法往往要考虑微服务系统的实际情况。

数据分割方法试图让每个微服务管理自己的数据实体，可以采取如下三种主要的数据库–微服务组织模式：第一是采用一个数据库服务器和数据字典，但是每个微服务使用私有的数据表格；第二是共享一个数据库服务器，每个微服务有独立的数据字典；第三是每个微服务都有私有的数据库服务器。

与数据分割方法不同，另外两种方法（增加数据管理组件和合并数据访问微服务）都是试图在不违背功能分布原则下，进行适当的数据访问合并。通过在数据库和多个微服务之间加入数据管理组件，实现业务逻辑和数据访问的分离，可以让数据服务的开发团队更聚焦数据抽象和数据管理本身，更好地实现后续的微服务系统演化。而合并数据访问微服务则是对微服务架构设计中过分划分的微调，把围绕着同一数据的内聚性功能模块重新归并在一起。

4.3.4　持续集成智能分析

持续集成智能分析是基于大数据、机器学习等算法对静态分析工具的检测结果进行分析，弥补静态分析工具"假阳性高"的情况。在代码、API 和软件架构三个层次对微服务系统进行系统性检查的过程中，其中重要的一种方法是使用静态自动分析工具。这些工具在不执行源代码的情况下分析源代码，寻找 Bug、安全漏洞和代码异味。它们还可以用来检查代码的样式和格式，确保整个代码库使用统一的代码编写标准，以简化可维护性。尽管静态自动分析工具很有用，但也存在一些问题，使许多开发人员对是否使用它们存在矛盾。最突出的问题之一是判断静态自动分析工具发出的警报数量是否为假阳性,假阳性警报即静态分析工具将代码中不存在的问题误判为需要修复的问题，然而实际上它不需要被修复[46,47]。代码 4-3 是 SonarQube 假阳性警报示例的代码片段，SonarQube 通过对该段代码进行静态检测，认为代码片段中的 Files.write（Paths.get（"myPath"），new byte[ ]{' ', 'A', 'B', 'C' }）这行代码存在歧义并发出了相应的警报：Disambiguate this call by either casting as ''OpenOption'' or ''OpenOption[ ]''，但实际上这行代码并没有歧义，它定义了类型为 byte 的可变长度的数组，并给出了该数组的相应元素。对于开发人员来说，处理大量警报是一项繁杂的任务，并且必须妥善处理误报，然而类似于代码 4-3 中的假阳性警报会导致开发人员浪费大量精力，这让许多开发人员对使用静态分析工具产生了顾虑。因此，采用持续集成智能分析技术有助于帮助开发人员节省处理静态分析工具错误警告的时间，提高开发的效率。

代码 4-3　　SonarQube 假阳性警报示例

```java
import java.io.IOException;
import java.nio.file.Paths;
import java.nio.file.Files;

public class Example {
  public static void main(String[] args) throws IOException {
    // SonarQube 假阳性警报:
    // Disambiguate this call by either casting as "OpenOption" or "OpenOption[ ]"
    Files.write(Paths.get("myPath"), new byte[] { ' ', 'A', 'B', 'C' });
  }
}
```

　　持续集成智能分析技术为了解决静态分析工具假阳性高这一问题，一般对静态分析工具报告的警报进行处理，对警报进行分类并消除假阳性。比如使用机器学习、大数据、深度学习技术，通过研究数据建立分类器的统计模型或预测模型，根据一组人工制定的特征对警报进行分类，达到消除假阳性的目的[48]。如图 4-4 所示，将检测软件对项目进行的代码、API 及架构层次的检测结果存储到数据库中，若使用有监督学习方法，则需要为每个警告人工标注相应的标签，标记该警告是否为误报。然后通过大数据、机器学习等技术对开发人员提交的代码进行智能化分析。比如将静态分析软件报告的代码片段进行特征抽取或转换为特征向量，使用神经网络进行端到端的分类任务或使用机器学习中的聚类方法进行无监督学习，将静态分析工具产生的误报及无效警告筛选出来，并将分析结果生成可视化展示报告反馈给开发人员。从而避免开发人员处理无效警告，节省他们的时间和精力，并提高系统开发效率。

4.4　本章小结

本章介绍了持续集成的基本概念，分析对比了主流的持续集成开源工具，特别是 GitLab 持续集成框架，并对智能化的持续集成方法进行了详细的介绍。智能化的持续集成从代码、API 和软件架构三个层次展开，结合大数据、机器学习等算法进行智能化分析，找出可能存在的质量缺陷，以便辅助软件设计开发人员改进服务适配质量。

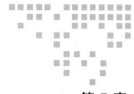

第 5 章　Chapter 3

智能微服务持续交付/部署

本章重点阐述智能化持续交付/部署技术和应用实践，特别介绍基于容器集群管理系统 Kubernetes、云原生持续交付模型 GitOps 的面向微服务架构的智能化持续交付/部署原理与框架。针对以人工为主的持续交付在部署微服务系统中面临的主要挑战，提出结合 Service Mesh 的流量管理功能的智能化方法，实现微服务的灰度发布和金丝雀部署，以达到敏捷高效的持续交付和持续演化的目标。

本章内容具体包括：持续交付的基本概念；主流的持续交付/部署开源工具，特别是使用声明性 GitOps 的持续交付工具 Argo CD；智能化持续交付原理与框架；智能化持续部署的实现方法。

5.1　持续交付的基本概念

5.1.1　持续交付

持续交付（Continuous Delivery，CD）作为一种软件工程方法，是通过自动化软件工具支持在比较短的一个个迭代中快速发布软件的实践，是将所有类型的更改（包括新功能、配置更改、错误修复）安全、快速地交付到生产或用户手中的能力[49]。持续交付强调的是，不管怎么更新，软件是随时随地可以交付的。持续交付让软件产品的产出过程在一个短周期内完成，以保证软件可以稳定和持续地保持在随时可以发布的状态。持续交付的目标在于让软件的构建、测试与发布变得更快以及更频繁，尽可能快地交付有价值的产品给用户。

　　持续交付的重点是持续整合、内置测试、持续监控和分析反馈，通过构建部署管道，探索性测试、可用性测试以及性能和安全测试可以在整个交付过程中持续执行，以确保从一开始就将质量保障融入产品和服务中[50]。如图 5-1 所示，持续交付在不同阶段部署代码到生产环境、测试环境、模拟环境进行测试，从每个环境的测试中获得新的反馈，如果出现故障，则可以更轻松地定位问题代码，并在代码进入生产环境之前将其修复。

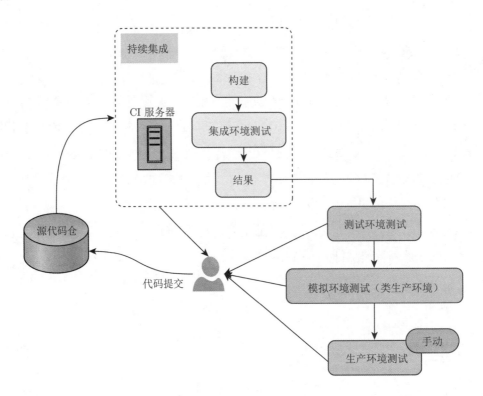

图 5-1　传统持续交付过程

　　因此，持续交付这种方式减少了软件开发的成本与时间，减少了风险，可以尽快在产品发布前获得修复和功能，并确保始终保持高水平的质量和稳定性。持续交付实现了几个重要的优势：低风险发布、更快的上市时间、质量更高、降低成本、更好的产品、更快乐的团队。

5.1.2 面向微服务体系结构持续交付

微服务体系结构强调 Service Mesh 的基础设施和声明性容器编排方法，因此面向微服务体系结构的持续交付主要是基于 GitOps 的。GitOps 由 Weaveworks 于 2017 年推出，主要用于 Kubernetes 集群管理和应用程序交付，是一种实现持续交付的模型[51]。GitOps 使用 Git 作为应用程序和声明性基础设施状态的真实来源，利用 Git 的许多特性和优点，提供了一种以开发人员为中心的方法。其中，Git 存储库包含代码、配置、版本控制等信息，以 Git 作为核心形成一个交付流程操作的反馈和控制回路，该控制回路持续地对比系统实际状态和 Git 中目标规定之间的差异，启动版本更新步骤。如果在预期时间内状态仍未收敛，便会触发告警及干预。这一闭环控制系统让交付流程具备了自愈能力，能够处理一些非预期操作造成的系统状态偏离。GitOps 的目标是实现：自动化基础架构存储库中内容的部署过程；自动化所需状态（包含在 Git 存储库中）和活动状态（部署在 Kubernetes 上）之间的同步过程。因此，GitOps 被定义为操作 Kubernetes 集群或云本地应用程序的模型，用于构建云本地应用程序。GitOps 不仅提供了统一容器化应用程序的部署、管理和监控的最佳实践，而且还为开发人员提供了更好的应用程序管理体验。

GitOps pipeline 流程如图 5-2 所示，部署上游的所有内容都围绕 Git 库工作。开发人员将更新的代码提交到 Git 代码库，CI 工具感知更新并构建 Docker 镜像。GitOps 检测到镜像后拉取新镜像，并在 Git 配置库中更新其 YAML 文件。然后，GitOps 从配置库中提取已更改的清单，并将新镜像部署到 Kubernetes 集群。

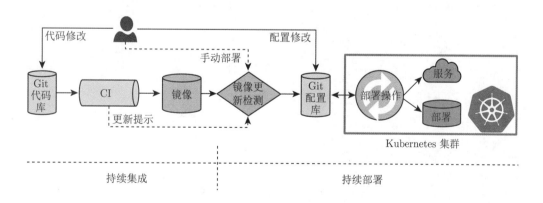

图 5-2 GitOps pipeline 流程

图 5-3 所示为面向云原生的持续交付 GitOps 流程，主要实现微服务应用的持续部署和金丝雀升级。具体而言，在 GitOps 声明式持续部署中，服务的状态与事先存储在 Git 代码仓库中的服务部署配置时刻保持一致，当某个服务配置发生版本号变化时，持续交付版本同步工具将服务新版本状态同步至 Kubernetes 集群，结合 Service Mesh 的流量控制特性，完成金丝雀升级过程。

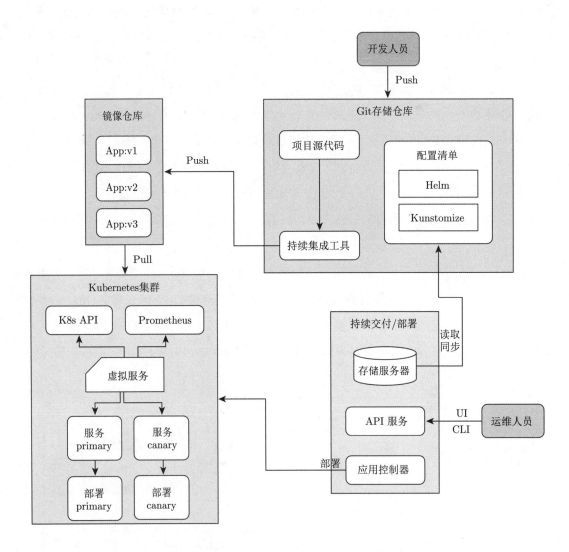

图 5-3　云原生持续交付 GitOps 流程

5.2　开源主流持续交付/部署工具实践

本节主要介绍基于云原生持续交付/部署流程的主流开源工具，具体内容为：Kubernetes 管理配置工具，主要包括包（Chart）管理工具 Helm、Kubernetes 资源配置工具 Kunstomize；持续交付流程管理框架 Argo CD；金丝雀升级部署工具 Flagger。

5.2.1　Kubernetes 管理配置工具

目前，Kubernetes 存在多个开源的管理配置工具，而对于用户来说，选择哪个工具是非常重要的，因此我们提供以下四个维度用于工具选取与评价，分别是：可声明性、可读性、灵活性、可维护性。

（1）包管理工具 Helm

Helm[52] 是 Kubernetes 的包（Chart）管理工具，用于 Chart 的创建、打包、发布，以及创建和管理本地/远程的 Chart 仓库，并负责应用的安装部署与生命周期管理。运用 Helm 有助于简化部署和管理 Kubernetes 应用。

Chart 是 Helm 的应用打包格式，通常为 TAR 格式。它是 Kubernetes 集群内部运行应用程序、工具或服务所需的所有资源定义的集合。它包含一系列用于描述 Kubernetes 资源的相关文件，以及运行一个应用所需要的镜像、依赖和资源定义等，还可能包含 Kubernetes 集群中的服务定义。Chart 目录结构如下所示：

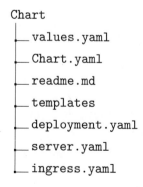

```
Chart
├── values.yaml
├── Chart.yaml
├── readme.md
├── templates
├── deployment.yaml
├── server.yaml
└── ingress.yaml
```

其中，values.yaml 文件中定义了 Kubernetes 资源对象的重要信息，如镜像、版本信息等，Chart.yaml 文件包含对微服务包的描述信息，templates 目录下包含具体的部署资源，如 deployment.yaml、server.yaml、ingress.yaml 等。

对于 Helm 工具，主要有 Helm2 与 Helm3 两个常用版本，功能结构如图 5-4 所示，其中，Repository 是 Chart 存储库，Helm 客户端可以在 Kubernetes 集群的 master 节点或者本地执行，Helm 客户端通过 HTTP 来访问 Repository 中 Chart 的索引文件和压缩包。Helm2 是 C/S 架构，客户端 Helm 通过 gRPC 协议与 Tiller 服务器端进行交互，主要提供了增、删、查、改 Chart 和 Repository 的相关功能。Tiller 主要用于管理 Kubernetes 集群上应用发布的版本。Helm3 中移除了 Tiller，只有客户端结构，Helm 客户端与 Kubernetes API 服务器交互。

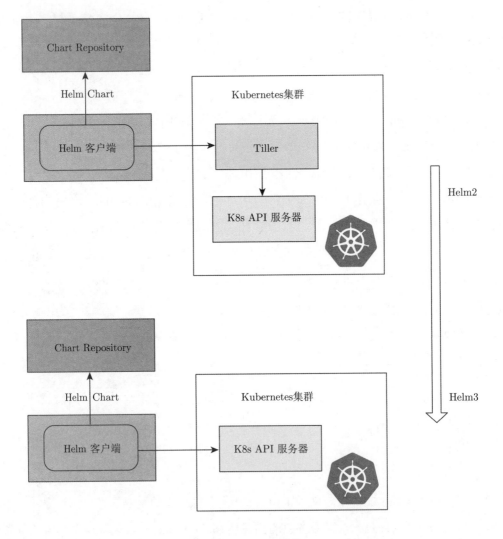

图 5-4 Helm 组件

以 2.4 节中的 Bookinfo 应用为例，介绍使用 Helm 进行管理配置。由于 Bookinfo 是由四个独立的微服务组成的，每一个微服务都需要一份单独的配置，我们为 Bookinfo 应用构造的 Helm Chart 在 templates 下整合了四个微服务的配置，其目录结构如下：

```
Bookinfo
├── Chart.yaml
├── templates
│   ├── microservice-reviews.yaml
│   ├── microservice-details.yaml
│   ├── microservice-ratings.yaml
│   ├── microservice-productpage.yaml
│   ├── gateway.yaml
│   ├── certificate.yaml
│   └── virtualservice.yaml
└── values.yaml
```

Helm 模板提供的内置对象有许多种，其中一个是 Values。该对象提供了对传递到 Chart 的值的访问方法，我们采用该方法，在 values.yaml 文件中对 Bookinfo 的 Chart 配置一些值，这里主要配置了 gateway（网关）的一些参数。

Bookinfo Helm Values (values.yaml)

```
gateway:
selector: ingressgateway
hostname: bookinfo.ingress.isa.buaanlsde.cn

httpsRedirect: false

tls:
  enabled: false
  secretName: bookinfo-tls
  gatewayNamespace: istio-system
  acme:
    enabled: false
    certManager:
      version: certmanager.k8s.io/v1alpha1
  renewBefore: 720h
  issuerName: letsencrypt
  issuerKind: ClusterIssuer
```

在模板文件 gateway.yaml 中调用了 values.yaml 中定义的值，gateway.yaml 文件如下：

Bookinfo Helm Template (gateway.yaml)

```
apiVersion: networking.istio.io/v1alpha3
kind: Gateway
metadata:
  name: bookinfo
spec:
  selector:
    istio: {{ .Values.gateway.selector }}
  servers:
  - port:
      number: 80
      name: http
      protocol: HTTP
    hosts:
      - {{ .Values.gateway.hostname }}
    tls:
      httpsRedirect: {{ .Values.gateway.httpsRedirect }}
  {{- if .Values.gateway.tls.enabled }}
  - port:
        number: 443
      name: https
      protocol: HTTPS
    hosts:
      - {{ .Values.gateway.hostname }}
    tls:
      mode: SIMPLE
      credentialName: {{ .Values.gateway.tls.secretName }}
  {{- end }}
```

对于每个微服务，我们都为其配置了 Deployment、Service 和 ServiceAcount 等资源，以 ratings 微服务为例：

Bookinfo Helm Template (microservice-ratings.yaml)

```
---
apiVersion: v1
kind: Service
metadata:
```

```yaml
  name: ratings
  labels:
    app: ratings
    service: ratings
spec:
  ports:
  - port: 9080
    name: http
selector:
  app: ratings
---
apiVersion: v1
kind: ServiceAccount
metadata:
  name: bookinfo-ratings
---
apiVersion: apps/v1
kind: Deployment
metadata:
  name: ratings-v1
  labels:
    app: ratings
    version: v1
spec:
  replicas: 1
    selector:
    matchLabels:
      app: ratings
      version: v1
template:
  metadata:
    labels:
      app: ratings
      version: v1
  spec:
    serviceAccountName: bookinfo-ratings
    containers:
    - name: ratings
      image: docker.io/istio/examples-bookinfo-ratings-v1:1.15.0
      imagePullPolicy: IfNotPresent
```

```
        ports:
        - containerPort: 9080
```

Helm Chart 构造完成后，我们可以将其打包，目录下会生成打包好的 bookinfo-0.1.0.tgz，然后将其上传到 Chart 仓库。之后，就可以使用 helm install 或 helm upgrade 命令来安装 Bookinfo 应用了。

（2）Kubernetes 资源配置工具 Kustomize

Kustomize[53] 提供了一种无需模板和 DSL 即可自定义 Kubernetes 资源配置的解决方案。Kustomize 以无模板方式自定义配置文件，提供了许多方便的方法，如生成器，使定制更容易，使用补丁在现有的标准配置文件上引入特定于环境的更改，而不会干扰它。所以 Kustomize 允许出于多种目的自定义原始的、无模板的 YAML 文件，使原始 YAML 文件保持不变并可按原样使用。

Kustomize 一般使用 base+overlay 方式来管理 YAML 文件，base 中包含资源 YAML 文件以及自己的 kustomization.yaml 文件，overlay 中包含 base 的变种，用来对 base 中的 YAML 文件进行修改，以适应不同的环境。通常目录结构如下：

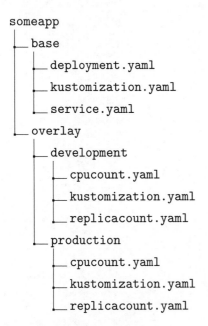

```
someapp
├── base
│   ├── deployment.yaml
│   ├── kustomization.yaml
│   └── service.yaml
└── overlay
    ├── development
    │   ├── cpucount.yaml
    │   ├── kustomization.yaml
    │   └── replicacount.yaml
    └── production
        ├── cpucount.yaml
        ├── kustomization.yaml
        └── replicacount.yaml
```

Kustomize 应用配置过程主要分为两个部分：一是 kustomization 文件创建；二是使用 overlay 修改通用的 base。具体步骤如下：

1）在包含资源 YAML 文件（部署、服务、配置映射等）的某个目录中，创建一个 kustomization.yaml 文件。该文件应声明这些资源，以及任何适用于它们的定制，例如添加一个公共标签。此目录中的资源可能是其他人配置的分支。如果是这样，就可以轻松地从资源 YAML 文件定制部分进行改进，因为不直接修改资源。

2）使用 overlay 修改通用的 base，指的是应用于该基础的补丁。这种设置可以使开发人员轻松地使用 Git。

以本书 2.4 节中的 Bookinfo 应用为例，介绍 Kustomize 的使用。其目录结构如下：

Kustomize Directory Structure

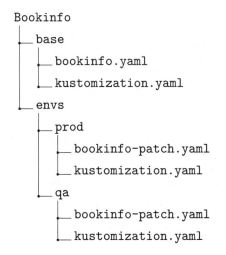

```
Bookinfo
├── base
│   ├── bookinfo.yaml
│   └── kustomization.yaml
├── envs
│   ├── prod
│   │   ├── bookinfo-patch.yaml
│   │   └── kustomization.yaml
│   └── qa
│       ├── bookinfo-patch.yaml
│       └── kustomization.yaml
```

其中，base 目录是不同环境共享的配置，envs/prod 目录为生产环境的配置，envs/qa 为 qa 环境的配置。base 目录包含所有环境通用的资源，在 Bookinfo 的例子中，bookinfo.yaml 文件如下：

Kustomize Base Bookinfo Deployment(bookinfo.yaml)

```
apiVersion: apps/v1
kind: Deployment
metadata:
  name:bookinfo-deploy
spec:
  selector:
    matchLabels:
      app: bookinfo
```

```
template:
  metadata:
    labels:
      app: bookinfo
  spec:
    containers:
    - name: bookinfo
      image: acme.com/bookinfo:REPLACEME #A
```

为了使用 base 目录作为所有环境的基础，需要自定义 kustomization.yaml 文件，具体如下。

Base Bookinfo Kustomization (kustomization.yaml)

```
apiVersion: kustomize.config.k8s.io/v1beta1
kind: Kustomization
resources:
- bookinfo.yaml
```

建立 base 目录后，为了修改或者定制某些环境的配置，我们需要建立一个 overlay 目录，该目录包含了应用 base 资源之上的所有补丁和定制。在本例子中，overlay 目录为 envs/prod 目录与 envs/qa 目录，指的是 base 之上的补丁。具体文件如下。

QA Environment Kustomization (kustomization.yaml)

```
apiVersion: kustomize.config.k8s.io/v1beta1
kind: Kustomization

bases:
- ../../base

patchesStrategicMerge:
- bookinfo-patch.yaml

images:
- name: acme.com/bookinfo
  newTag: v1.0.0
```

QA Environment Patch (bookinfo-patch.yaml)

```
apiVersion: apps/v1
kind: Deployment
metadata:
  name: bookinfo-deploy
spec:
  template:
    spec:
      containers:
      - name: bookinfo
        env:
          - name: DEBUG
            value: "true"
```

5.2.2　流程管理框架 Argo CD

Argo CD[54] 是 Kubernetes 的声明性 GitOps 持续交付工具[55]。Argo CD 遵循 GitOps 模式，使用 Git 存储库作为定义所需应用程序状态的真实来源。Argo CD 在指定的目标环境中自动部署所需的应用程序状态。应用程序部署可以在 Git 提交时跟踪对分支、标签或固定到特定版本清单的更新。

如图 5-5 所示，在这个工作流程中，GitLab 和 Argo CD 为主要工具。GitLab CI 是 GitLab 内置的进行持续集成的工具，只需要在仓库根目录下创建 gitlab-ci.yml 文件，并配置 GitLab Runner；每次提交的时候，GitLab 将自动识别到 gitlab-ci.yml 文件，并且使用 GitLab Runner 执行该脚本。

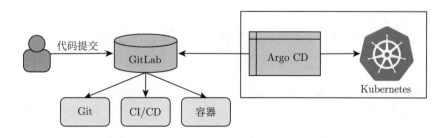

图 5-5　Argo CD 的基本框架

Argo CD 持续监控 Kubernetes 中正在运行的应用程序，并将当前的实时状态与目标状态（如 Git 存储库中指定）进行比较，检测两者之间的差异，并提供工具将实时状态同步至目标状态。在 Git 存储库中所需目标状态所做的任何修改都可以自动应用并反映在指定的目标环境中[56]。其体系结构如图 5-6 所示。

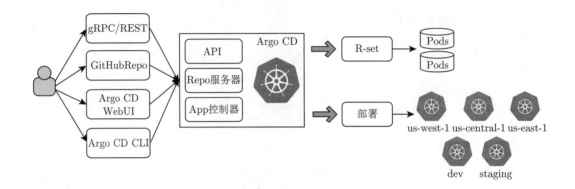

图 5-6　Argo CD 体系结构

使用 Argo CD 部署应用程序如下：

1）在 Argo CD UI 界面创建应用。

2）填写应用的相关信息。

3）填写完成后，点击"CREATE"按钮进行创建。

由于尚未部署应用程序，并且尚未创建 Kubernetes 资源，所以 Status 还是 OutOfSync 状态，因此还需要点击"SYNC"按钮进行同步，同时开始部署应用程序。应用程序同步并部署成功如图 5-7 所示。

图 5-7　Argo CD 应用部署示例

通过 rancher 查看应用的部署情况，如图 5-8 所示。

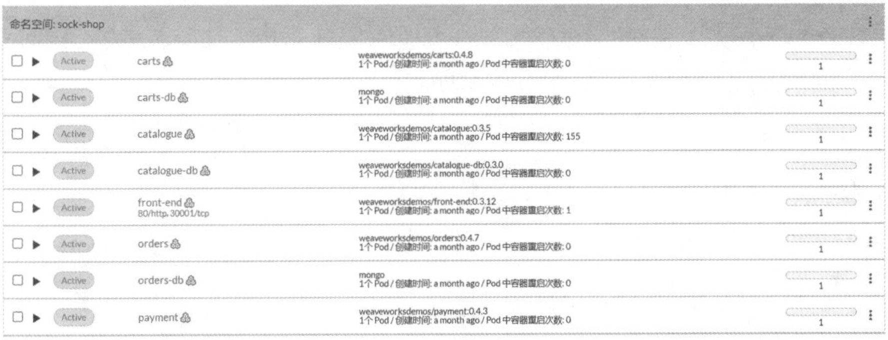

图 5-8　应用部署情况

5.2.3　金丝雀升级部署工具 Flagger

Flagger[57] 是一个渐进的传递工具，它可以自动对在 Kubernetes 上运行的应用程序进行发布。它通过在衡量指标和运行一致性测试的同时逐渐将流量转移到新版本，来降低在生产中引入新软件版本的风险。

Flagger 使用服务网格（Istio、Linkerd）或入口控制器（Contour、Gloo、Nginx、Skipper、Traefik）实现了多种部署策略（Canary 发布、A/B 测试、蓝/绿镜像），用于流量路由。对于发布分析，Flagger 可以查询 Prometheus、Datadog、New Relic、CloudWatch 或 Graphite，并使用消息工具如 Slack、MS Teams、Discord 和 Rocket 发布警报。

Flagger 可以使用 Kubernetes 自定义资源进行配置，并且兼容任何为 Kubernetes 制作的 CI/CD 解决方案。由于 Flagger 是声明性的并对 Kubernetes 事件做出反应，因此它可以与 Argo 工具一起用于 GitOps 管道中。

Flagger 是一个 K8s Operator，可以基于多种 Ingress 实现金丝雀（Canary）升级，以进行流量转移，并使用 Prometheus 指标进行流量分析。Canary 分析器可以通过 Webhooks 进行扩展，以运行系统集成/验收测试、负载测试或任何其他自定义验证。

Flagger 实现了一个控制环路，该环路逐渐将流量转移到 Canary，同时测量关键性能指标，例如 HTTP 请求成功率、请求平均持续时间和 Pod 运行状况。基于对 KPI 的分析，Canary 会被提升或中止。

Istio + Flagger 的使用

Flagger 采用 Kubernetes 部署和可选的水平 Pod 自动缩放器 (HPA)，然后创建一系列对象（Kubernetes 部署、ClusterIP 服务、Istio 目标规则和虚拟服务）。这些对象将应用程序暴露在网格内部并驱动 Canary 分析和推广。

（1）引导程序

创建一个启用 Istio sidecar 注入的测试命名空间：

```
kubectl create ns test
kubectl label namespace test istio-injection=enabled
```

创建部署和水平 Pod 自动缩放器：

```
kubectl apply -k https://github.com/fluxcd/flagger//kustomize/podinfo?ref=main
```

部署负载测试服务以在 Canary 分析期间生成流量：

```
kubectl apply -k https://github.com/fluxcd/flagger//kustomize/tester?ref=main
```

创建 Canary 自定义资源。

将上述资源另存为 podinfo-canary.yaml，然后应用：

```
kubectl apply -f ./podinfo-canary.yaml
```

当 Canary 分析开始时，Flagger 将在将流量路由到 Canary 之前调用预发布 Webhook。Canary 分析将运行 5 分钟，同时每分钟验证 HTTP 指标和 Webhook。

（2）Canary 部署

通过更新容器镜像触发 Canary 部署，Flagger 检测到部署修改后开始新的部署。

（3）自动回滚

在 Canary 分析期间，可以生成 HTTP 500 错误和高延迟来测试 Flagger 是否暂停发布。具体为，触发另一个 Canary 部署，执行负载测试器 Pod，生成 HTTP 500 错误，产生延迟。当失败的检查次数达到 Canary 分析阈值时，流量将路由回主节点，Canary 缩放为零，并将推出标记为失败。

（4）流量镜像

对于执行读取操作的应用程序，可以将 Flagger 配置为使用流量镜像来驱动 Canary 版本。Istio 流量镜像将复制每个传入请求，向主服务发送一个请求，向 Canary 服务发送一个请求。来自主节点的响应被发送回用户，来自 Canary 的响应被丢弃。两个请求都会收集指标，因此只有当 Canary 指标在阈值内时才会继续部署。

5.3　智能化持续交付

5.3.1　概述

传统交付方案面临的困境有：线上报警紧急回滚；等待上线周期太长；配置错误变更异常；程序功能不符合预期；流程负责频繁中断。面对这些问题，我们需要在保障服务质量的前提下减少成本，满足业务快速迭代要求，因而在持续交付流程中引入智能运维，以增强交付自动化，在保证质量的同时提升效率，将运维理念从敏捷半自动运维转变为无人全自动运维。智能化的持续交付系统的基本设计思路是：以智能系统代替人的决策，根据人指定的部署目标，自主执行变更，并在执行过程中根据服务状态反馈，动态进行调整，实现无人值守交付。

智能化的持续交付系统的实现为：对持续集成与持续部署过程中任务的执行进行综合监控，度量分析和记录，根据规则、历史数据、任务间关系、任务输入文件的变更对流水线中任务的执行进行动态调节。

5.3.2　智能化持续交付的原理与框架

智能交付系统需要实现决策、感知、执行整个持续部署流程的高效运行，特别是自动选择服务部署版本的最优方案。因而持续交付智能决策系统的主要设计思想是将多版本持续部署视为在线优化 AB 实验，基于第 2 章介绍的服务网格的动态路由和流量分配机制，在部署验证系统中动态探索和评估不同服务版本组合的实际效果。持续交付智能决策系统主要包括以下部分：服务性能智能评估、基于评估结果的版本优化智能决策和服务不同版本之间的流量切换。在性能评估方面，通过服务网格的系统监控机制，收集微服务的各项性能指标，来完成服务性能的综合评估。在版本优化智能决策方面，持续交付系统可以依托多臂老虎机（Multi-armed Bandit，MAB）这类强化学习手段，通过概率分布的思想找到最可能成为最优解的实验版本，并快速加大分配流量，并实时计算实验收益，实时动态调节流量从而最大化实验收益。在版本自动切换方面，借助服务网格的动态路由和流量分配机制，实现服务不同版本之间的流量切换，实现智能可靠的微服务更新或回滚。

基于服务网格的持续交付智能决策系统的基本架构如图 5-9 所示。基于服务网格，对每个微服务都部署其待选的容器版本，并通过服务网格的动态路由机制加以配置，然后以迭代方式执行交付实验，通过压力测试工具不断地发起用户请求，收集在测的服务调用链运行状态所展现的性能数据，作为决策评估依据。在服务性能的评估中，综合考虑服务版本的各个性能指标，将其综合表达为一个多元 sigmoid 函数。这样就可以把交付实验中服务的所有指标和约束组合成一个标量函数，该函数在实验期间在线学习和优化[58]。通过对时间分段，减少了服务网格控制平面由于重新配置而带来的压力。在每个时间段的开始，系统使用当前信度分布计算概率流量策略，使用汤普森采样算法将策略传递给服务网格。在每个时间段结束前，根据本时间段每个路径观测到的值更新其信度分布。具体包括如下三个步骤。

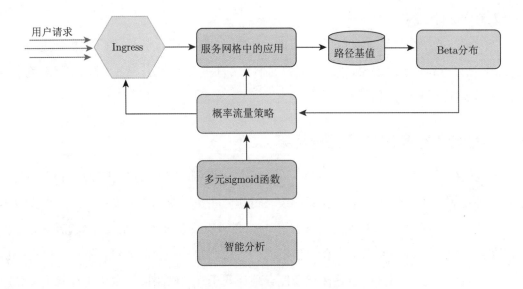

图 5-9　基于服务网格的智能化持续交付架构

（1）多元 sigmoid 函数和服务 KPI

在本书的第 2 章中，我们提到 BookInfo 例子，它由四个微服务组成：product、details、reviews 和 rating。这里假定对每个服务路径访问的时间延时必须低于 500 毫秒，这通常是交互式应用必须达到的 KPI 约束指标。同时，可以增设点击率作为奖励 KPI，以便观察用户对具体服务的喜好。

用 $X_0[p]$ 表示路径 p 的奖励 KPI，用 $X_1[p], \cdots, X_k[p]$ 表示路径 p 的约束 KPI，用 $l_1, \cdots, l_k$ 表示各自的约束极限，则路径 p 的路由请求效用定义为：

$$h_a(p) = E[X_0[p]] \int_{j=1}^{k} S(a(1 - \frac{E[X_j[p]]}{l_j})) \tag{5.1}$$

其中，a 为放大系数，是一个固定的正常数，$S(y)$ 为逻辑斯蒂函数，属于 S 函数族，定义如下：

$$S(ax) = \frac{1}{1 + \mathrm{e}^{-ax}} \tag{5.2}$$

函数的实际效果可由参数 a 来控制，当 a 比较大时（例如 $a > 10$），则 $S(ax)$ 起到一个评估函数的作用：当 x 正向增长时，其值越接近于 1，反之则接近 0。因此，这个多元 sigmoid 函数可以通过选择合适的指标因子来评价服务性能，这使得服务性能的评估具有很高的灵活性。

（2）基于贝叶斯的信度更新

公式（5.1）中的平均 KPI 值在交付实验开始时是未知的，需要以统计的方式在线估计，这就要用到基于贝叶斯的信度更新方法。假设每个服务版本路径 KPI 为随机变量，我们可以假定其初始的先验概率，而后根据每个实验周期所观察到的 KPI 值，基于贝叶斯原理采用观测数据不断更新对 KPI 的后验概率的估计，生成该 KPI 的贝叶斯信度分布。当服务 KPI 取决于二值状态变量时，如用户点击或错误发生，可以使用 Beta-Bernoulli 信度更新模型，即假定先验概率为 Beta，动作状态为二值选择。当 KPI 与一个连续变量（如访问延迟）相关时，在 KPI 的上界和下界已知时使用 Beta 更新，在 KPI 的上界和下界两者未知时使用高斯更新。

（3）汤普森采样

持续交付智能决策实验是多轮次迭代的，在每轮实验周期中，智能决策算法都试图根据服务版本的平均 KPI 估计值，找到当前较优的服务版本路径，并以此为依据决定服务版本的流量分配方案。利用服务网格的动态路由和流量管理机制，为每个服务的不同版本注入相应比例的访问流量，并根据每个实验周期的 KPI 情况进行动态调整。由于在每轮实验中，服务请求总量是相同的，因此更倾向于增加服务性能表现更加优秀的版本的流量注入比例，以此来获得更好的交付实验结果。上述流量分配比例的序列决策问题可以被构建为多臂老虎机实验过程。

在多臂老虎机实验中，要求决策者从 K 个动作中进行选择，每次选择都有一定的概率收益，最终收益由选择的动作序列累计产生。解决多臂老虎机一般有两种选择方式：一种是守成策略（Exploitation），即根据之前选择所获得收益的经验，以贪心方式选择当前最佳动作；另一种则是探索策略（Exploration），积极探索以寻求新的收益。这类探索–守成的随机优化问题往往可以用汤普森采样（Thompson Sampling）进行分析。汤普森采样改进了经典的贪心优化算法，基于贝叶斯推断的方式，从连续的状态分布中随机抽取一个值作为当前指标的计算数据，在服务的稳定版本和新版本之间动态权衡，选择能够获得平均最大收益的决策方案。

在服务交付实验的每个周期，具体的算法步骤如下。

步骤 1：根据本轮实验中监控采集到的指标观测数据，对每个服务的信度分布进行更新。

步骤 2：将指标监控的时序数据抽象成连续的状态分布（如服务点击数的 Beta 分布），并随机抽取值，带入评价函数中并得到服务的综合性能表现结果。

步骤 3：根据不同版本的性能表现结果由高到低进行排序，选择性能最佳的版本作为获胜版本；若新版本表现更优秀，则在这一次采样数据下新版本获胜，反之，则稳定版本获胜。

步骤 4：根据服务各版本的获胜概率，并将其作为下一轮服务各版本的流量分割依据，获胜概率更高的服务版本将会增加注入的流量比例,而表现不佳的版本也会收到相应的"惩罚"，减少其服务请求流量；动态配置服务网格的流量分配方案，开始新一轮交付测试。

5.4 智能化持续部署的实现方法

本节主要介绍智能化持续部署的实现方法。首先，介绍持续交付版本同步流程。然后，介绍持续交付智能部署决策方法，最后以一个基于微服务的开源云应用程序为例描述智能化持续部署实现方法。

5.4.1　持续交付版本同步

对服务进行持续交付之前，需要准备服务部署所需的资源清单，包括用于部署的配置文件以及服务对应的镜像文件，可以选择将这些资源清单存储至配置仓库中，方便进行版本管理。然后使用持续交付工具与配置仓库保持实时同步，自动校验并拉取服务部署相关配置文件和服务镜像文件，自动化部署所需的服务至集群中，完成服务的持续交付。同时，由于采用了 Git 仓库和部署镜像的自动同步方法，当配置仓库中的服务配置等信息发生变化时，这些变化会自动更新至集群中的对应服务。运维人员可通过配套命令行工具或者用户界面两种方式，进行微服务持续交付任务的创建和服务部署信息查询。

持续交付版本同步流程如图 5-10 所示，包含以下几个过程。

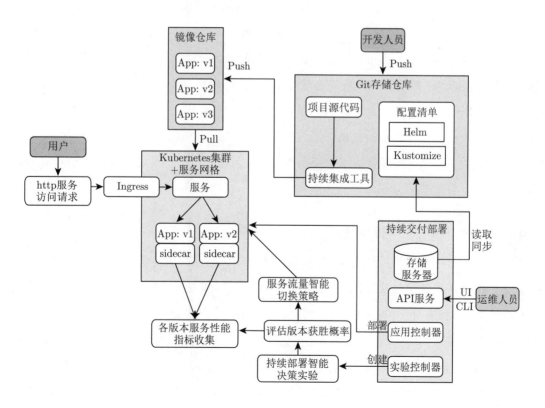

图 5-10　持续交付版本同步流程

（1）初始化部署

待部署服务的资源配置清单以 Helm/Kustomize 的管理方式进行封装并保存在 Git 存储仓库中。资源配置清单中定义了服务部署后的期望状态，提供服务的容器镜像的各个版本由服务源代码通过持续集成工具构建而来，同时上传至容器镜像仓库以实现共享使用。服务配置清单及服务镜像准备好后，持续交付版本同步工具能够与 Git 存储仓库进行同步，并拉取待部署服务对应的资源清单，将服务以期望的状态部署至 Kubernetes 集群，提供服务的指定版本镜像文件从镜像仓库中拉取得到，至此，服务完成在 Kubernetes 集群上的初始化部署。

（2）版本同步

持续交付版本同步工具与资源清单存放的 Git 存储仓库实时同步，且服务新版本的更新内容会同步到对应资源清单的更新中，因此当持续交付版本同步工具检测到集群中服务对应的资源清单发生变化时，触发版本同步操作，能够自动将新的资源清单从 Git 存储仓库中拉取并同步更新至 Kubernetes 集群，完成服务新版本的部署。

（3）灰度发布

当服务新版本部署至 Kubernetes 集群后，同时开启持续部署智能决策实验，评估服务新版本的性能表现。通过服务网格的流量控制功能，将少部分流量注入服务的新版本，同时通过 Prometheus 等监控工具实时监测服务新版本的性能表现，不断调整服务新版本与当前稳定版本的流量比例至实验结束。通过灰度的方式逐渐增加注入服务新版本的流量，根据实验结果决定是否执行服务版本升级操作，完成金丝雀升级过程。最终完成流量切换、服务新版本的升级发布。

5.4.2 持续交付智能部署决策方法

基于上一节的智能化持续交付框架和服务网格所提供的机制，我们需要实现如下几部分功能，以构成持续交付实验的完整控制回路：一是微服务运行时监控和性能采集，二是微服务交付性能综合分析与决策，三是持续交付实验过程控制器，四是交付实验流量分配策略的执行模块。

（1）性能指标和微服务运行时监控

进行持续交付智能部署决策实验的第一步是指标选取。在容器化管理平台上执行持续交付流程，采用诸如滚动发布、蓝绿交付和金丝雀交付等服务交付策略的目的是保证服务质量，最终的部署更新或回滚决策取决于交付过程中对服务新版本的性能指标监控和评估。

在微服务架构下，随着服务越来越多，对服务的监控和故障定位也越来越复杂。服务的监控主要有日志监控、调用链路监控、指标监控等几种类型方式，其中指标监控在整个微服务监控中比重最高，特别是对微服务访问流量、响应耗时、HTTP 请求成功率、吞吐量等指标的监控。通过流量的变化趋势可以清晰地了解到服务的流量高峰以及流量的增长情况，流量同时也是资源分配的重要参考指标。响应耗时是服务性能的直观体现，对于耗时比较大的服务我们往往需要进行优化。这些性能指标能够帮助运维人员在微服务新版本的持续部署过程中更好地判断服务的性能。另外还有运行错误的监控，主要包括请求返回的错误码，如 HTTP 的错误码 5xx、4xx，以及熔断、限流等，通过对服务错误率的观察可以了解到服务当前的健康状态。

在开发环境的持续部署过程中，考察服务性能的常见指标有响应时间、HTTP 请求成功率、吞吐量以及时延等，这些性能指标能够帮助运维人员在微服务新版本的持续部署过程中更好地判断服务的性能。

（2）持续交付性能分析和部署决策

在持续部署的场景中，由于待部署的微服务数量不一，且各个微服务的服务场景不尽相同，因此需要智能化的方法来制定综合性指标决策，便于开发人员更有效地维护服务。我们需要根据具体业务需要，选取最能代表实际需求的必要性能指标，并参考上一节中对于约束性指标和收益性指标的定义，合理地设计综合指标计算方法。要注意消除开发环境与生产环境之间的差异对微服务应用的性能影响，要确保微服务版本的差异成为性能指标的决定性因素。在持续交付实验中，要选择合适的服务性能指标监控时间段。对于服务性能指标的考察，如果考虑对前后两个时间段的数据进行对比，可能会对性能分析结果产生很大的噪声，因此需要比较同一时间段内服务新版本与当前稳定版本的性能指标数据。

基于以上指标选择标准，并采用上一节中定义的综合指标计算方法，能够综合考量微服务持续部署过程中监控的多种性能指标，对服务性能评估做出合理的判断，从而决定服务的持续交付/部署流程是否继续，保证服务新版本上线的可用性和稳定性。

（3）交付实验流量分配策略的实施

交付实验流量分配策略的执行模块采用服务网络的流量控制机制，将流量策略转换为服务网络的虚拟服务配置。服务网络中流量控制的工作原理是以 sidecar 的形式为每个应用程序部署一个服务代理，这些代理网络构成了流量控制的数据面，应用程序不需要了解网络拓扑，仅需要向 localhost 发送消息或者从 localhost 接收消息。这些服务代理可以根据控制面的配置启用对应的细粒度的流量控制，还能够限制基础服务之间的通信访问控制和速率限制。控制面则负责管理和配置数据面，具体而言，在控制面配置路由规则，控制面将这些规则和流量控制行为转换为特定于数据面各个代理的配置，然后代理通过这些配置来管理路由至其对应应用程序的流量。

以 Istio 为例，它的入口和特定代理使用该配置来执行策略。配置是经过定制的，这样 Istio Ingress 就会在每个传入的终端用户请求中注入一个特殊 HTTP 请求头。此请求所经过的路径被显式编码为此头的值。这个请求头由所有应用程序服务上游转发服务，有两个目的：一是使请求路由根据交通分离，二是使交付实验的控制器能够使用 Jaeger 跟踪基板为时间段中的每个请求收集路径特定 KPI 观测值。

最终的持续交付智能部署决策需要根据全部轮次的服务性能分析后得到的服务各版本的获胜概率，来实施相应的服务交付操作。运维人员可以选择服务的交付策略，如最优交付（将所有流量转移给获胜版本）、top_2（朝着最好的两个版本之间进行流量平均分配）或者保留所有版本并收敛至统一的流量（见表 5-1），用于最大程度考察每个版本的性能。当选择好交付决策后，根据服务性能分析结果，得出需要升级或回滚的服务部署实例。由于服务是以 Deployment 方式部署在 Kubernetes 集群中的，因此可以结合 Deployment 的镜像更新操作，实现服务的交付更新，或者根据 Deployment 的历史版本记录实现部署回滚。

表 5-1　持续交付策略

策略	描述	使用场景
progressive	逐步将所有流量转移给获胜者	默认策略，安全可靠地将所有流量转移到获胜版本
top_2	朝着最好的两个版本之间进行流量平均分配	此策略有助于以更少的迭代次数找到获胜的版本
uniform	收敛到所有版本之间的统一流量	最大程度地了解实验中的每个版本的性能表现

5.4.3　智能化持续部署的应用例子

以一个在 Kubernetes 和 Istio 社区广泛使用的基于微服务的应用程序 Bookinfo 为例，详细描述智能化持续部署方法。Bookinfo 的架构与功能描述见 2.4 节。Bookinfo 应用由多个服务组成，并且每个服务具有多个版本。要在服务网格工具 Istio 中运行这一应用，无需修改应用，只需在 Istio 环境中把 Envoy sidecar 注入到每个服务之中。

在本例中，待部署的 Bookinfo 应用如图 5-11 所示。为了完成微服务的智能化持续部署，需要创建并配置面向微服务的持续部署流水线，该流水线如图 5-12 所示，在流水线配置中，准备待部署微服务的配置资源清单以及服务镜像管理仓库。为了实现持续部署流水线的自动化运行，首先需要进行服务的初始化部署，在这一步中，利用流水线配置当中的服务配置资源清单，结合 5.4.1 节中提到的持续交付版本同步方法，完成 Bookinfo 应用各个微服务在 Kubernetes 集群上的初始化部署，并在任务结束后检查服务的部署及运行状态。初始化部署完成后，持续部署流水线正式建立，开始自动接管 Bookinfo 应用的服务部署、升级和回滚等操作。

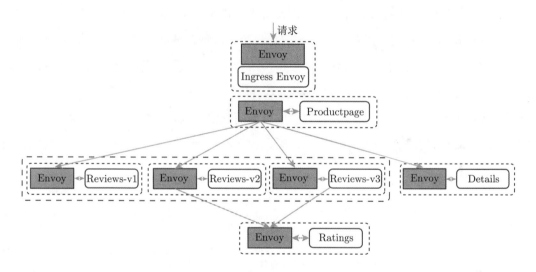

图 5-11　Bookinfo 微服务应用

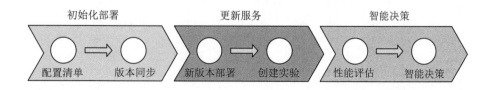

图 5-12　持续部署流水线

Bookinfo 应用初始化部署完成后，持续部署流水线进入第二阶段，即自动监听服务新版本部署和服务升级操作。以 Reviews 服务为例，在本例中准备了 Reviews 服务的两个版本，包括稳定版本 V2 和新版本 V3，当 V3 版本上线后，持续部署流水线触发服务升级操作，自动为新版本 V3 和当前稳定版本 V2 创建持续交付智能决策实验，该实验使用5.4.2 节中介绍的持续交付智能部署决策方法，此时流水线进入第三阶段，将根据实验结果对 Reviews 服务新版本 V3 做出智能决策，即是否继续完成 Reviews 服务的新版本升级。持续交付智能决策实验过程如下：

1）在实验开始前，首先向 Reviews 服务以每秒 1 个 HTTP 请求的速率进行流量注入，实验共进行 10 轮，每轮 30 秒，实验总时长为 5 分钟；当 Reviews 服务的 V2 和 V3 版本部署完成且状态检查通过后，持续交付智能决策实验正式开始。

2）首先借助 Istio 的流量管理功能，设置 V2 和 V3 版本的流量注入比例分别为 95%和 5%，同时开始收集两个版本的服务响应延迟数据，预先设定的延迟门限值为 30ms；在每一轮实验中，根据收集到的实时指标数据，结合指标门限值，计算各个服务版本的获胜概率，如图 5-13 所示；在第一轮实验结束后，可以看到当前 V2 版本获胜概率较高，主要原因是 V2 版本的响应延迟指标数据的表现符合门限值要求，且在第一轮实验中有着更高的流量注入比例，数据更加准确，而 V3 版本由于请求量较少，因此指标数据不稳定性相对较高。

服务版本	评估进展		评估指标	
Baseline	Winner ⓘ	✓	latency	12.60
	服务名称：	reviews-v2		
	流量权重：	95		
	获胜概率：	0.997		
	服务请求数：	36		
Candidate	服务名称：	reviews-v3	latency	13.90
	流量权重：	5		
	获胜概率：	0.003		
	服务请求数：	6		

图 5-13　实验开始时各版本的获胜概率

3）如图 5-14 所示，随着实验的进行，V3 版本的响应延迟指标数据趋于稳定，且符合预先设定的门限值要求，因此获胜概率逐渐增加，相应的流量注入比例与实验刚开始时相比也显著提升，便于在后续实验轮次中得到更加准确的实验结果。

图 5-14　实验进行一段时间后的获胜概率

4）在 10 轮实验全部结束后，持续部署流水线获取实验结果，结果表明与稳定版本 V2 相比，Reviews 服务的 V3 版本性能表现符合预期，且版本获胜概率更大，因此执行允许服务升级的决策，并进行流量切换，将服务请求的流量全部路由至 V3 版本，同时 Reviews 服务的 V2 版本下线，流水线服务升级操作完成。在本节的应用案例中，通过智能化的微服务持续部署流水线，实现了 Bookinfo 应用的各个微服务在 Kubernetes 集群上的初始化部署、服务升级等操作，从本例中可以看出，使用持续交付版本同步以及持续交付智能决策方法，极大提升了微服务应用的持续部署效率，同时保证了持续部署的成功率和稳定性。

5.5　本章小结

本章主要介绍了智能持续交付/部署技术，首先，对持续交付基本概念进行了介绍，在此基础上，分别对以下几种常见的持续交付/部署开源工具进行介绍：Kubernetes 包管理工具 Helm、资源配置工具 Kustomize；持续交付流程管理框架 Argo CD；金丝雀升级部署工具 Flagger。然后，详细阐述了智能化持续交付的原理与框架。最后，以一个在 Kubernetes 和 Istio 社区广泛使用的应用程序 Bookinfo 为例，详细描述了智能化持续部署方法。

智能微服务质量保障和资源调度

本章重点介绍微服务质量保障框架和智能调度技术，特别介绍了智能资源调度算法的核心要素、典型调度方案和主流的调度器工具。其中：6.1 节概述了微服务资源调度的发展过程，介绍了基于物理机、虚拟机、容器和函数的四类微服务资源调度技术，这些调度技术体现了微服务调度细粒度、多样性、智能化的发展趋势。同时这一节还简要介绍了我们提出的微服务资源调度智能化适配方案，以解决异构云环境下微服务资源调度的关键问题。6.2 节对资源调度的数据结构、问题抽象、优化约束条件、服务质量保障目标等进行了详细的阐述。6.3 节对不同类型微服务应用形态的资源特征进行了分析，介绍了水平和垂直资源调整方式。6.4 节介绍了典型的智能微服务资源调度方案，包括集中式、分布式和混合式方案，分析了它们的主要算法和适用范围。

6.1 微服务资源调度技术概述

通过微服务的资源调度技术进行服务质量保障，是微服务正常运行所不可缺少的运维工作之一。资源调度效果的好坏，一方面关系到微服务能否得到自己正常运行所必需的资源；另一方面关系到资源能否被微服务充分利用，是否能够最大限度避免资源浪费。整个资源调度技术伴随着服务质量保障需求的不断变化，逐渐演化出基于物理机、虚拟机和容器等不同的资源使用方式。

本节首先结合微服务的发展过程，从服务负载特点、服务组织形态、资源使用方式、质量保障目标四个方面概述自 20 世纪 90 年代到当下无服务器函数计算的发展过程，明确微服务资源调度技术在不同环境下的关注要点；然后具体到每个发展阶段，给出主要技术框架和支撑平台的介绍，从这些框架、平台支持的服务场景、调度实现和局限性出发，明确微服务和这些平台的关联关系，以及预期的服务质量保障效果。

6.1.1　资源调度技术的演进

资源调度技术保障了服务质量，根据资源使用方式的不同，包括物理机、虚拟机、容器和函数四种方式，其对微服务的保障情况如下所示。

1. 基于物理机的微服务资源调度

物理机的资源使用通过容量规划方式来实现，根据服务的资源使用需求，需要提前基于人工方式离线定制资源容量，从而采购对应容量的物理机。在这种情况下，所有的资源调度均通过缓慢的人工操作实现，没有复杂、动态的调度过程[59]。其资源使用方式呈现出一些明显特点：

❏ 资源的控制粒度：此方式的资源调度只能局限于单个物理机，粒度较粗，每个服务只能独占物理机使用资源。

❏ 调度模型/策略：此方式的资源采用离线的供需匹配方式进行调度，没有软件的自动调度。

❏ 调度的延迟：此方式的资源调度过程需要包含大量的人工定制化工作，常常在几天到几个月不等，存在较大的延迟。

随着微服务应用场景的不断扩展，这种粗粒度的物理机资源控制方式会出现以下问题：

❏ 隔离性好但灵活性差：在同一个物理机中，其运行的微服务如果发生异常，不会影响到物理机上其他服务的正常运行，但独占的资源会存在浪费情况，排查需要较长时间，异常微服务对应的物理机资源难以灵活被其他服务使用。

❏ 控制能力有限：粗粒度的控制更适合对大型服务产生效果，对其他中小微服务则会导致严重的资源浪费；同时，调度延迟高也会进一步降低其控制能力，当有新服务或有新资源到来时，整个资源供需匹配过程会变得缓慢，这也将难以对服务负载做出及时响应。

在 20 世纪 90 年代左右，微服务主要通过单体架构组织。其中，一个较为典型的单体式架构就是通过一个归档包（如 war 或者 jar 格式），将一个服务的所有功能全部包含在内，这样所有服务场景的表示层、业务逻辑层和数据访问层都可以在同一个服务当中实现，这大大提升了服务资源使用过程中的效率，也利于整个服务资源调度过程的管理。此类单体架构具有如下特点：资源使用效率相对较高；服务实例的部署相对较快；流量小，一个节点就足够应付；业务逻辑简单；同时修改冲突少。

基于物理机进行初级的资源调度主要发生在 20 世纪 90 年代，由于互联网发展还处于起步阶段，此时的服务负载呈现出以下几方面的特点：

❑ 服务负载对 I/O 资源的需求量较低：在互联网形成初期，由于访问的人数少、服务访问的频率低、产生的数据少、修改和冲突少等原因，此类服务仅需要较低带宽的网络 I/O 和较少容量的磁盘 I/O 设备即可满足需求；整个服务的长期运行过程中也很少会出现大量和频繁的访问，且前期容量一经规划后，就不再进行大规模的调整，所以整个运行期间可以保证服务负载处于一个相对稳定的状态。

❑ 服务负载对计算资源的需求量固定：此时的容量规划在功能和需求上较为单一，均以特定服务的定制化需求为主。此阶段一般以采购定制的大型机等形式，且由于一台大型机只能用于单个服务，故这种特定服务的定制化需求往往成本较高，同时极易造成资源的浪费。但由于其每个服务都有特定的计算业务，资源需求量也能长期保持稳定，且经过人工控制后能够实现长期稳定的运行，故也就不会产生太大的资源波动。

由此可见，使用物理机资源的、基于单体式架构的微服务更适用于资源占用量少、服务请求负载低、资源调度过程简单的场景，但是随着服务规模的持续扩张、资源负载的高速增长，单机架构这种组织方式呈现出了一些局限性：

❑ 中小型微服务资源利用率低：很多服务无法充分利用整个物理机的计算资源；跨物理机的服务也需要通信；I/O 通信会使计算资源频繁等待。

❑ 单机架构使微服务的可维护性变差：这种情况将会导致开发效率低、维护困难、修改时灵活度低以及系统扩展性差等。

基于物理机进行服务质量保障，需要对物理机的型号和微服务的类型两方面进行明确：

❑ 物理机：由于物理机的采购成本较高，采购周期长，为了使其使用效率最大化，需要保障物理机的资源能够被长期且稳定地使用。这样的话，单体服务才能根据物理机的资源容量尽可能多地占用物理资源来避免物理机的浪费。

❑ 单体架构：避免服务内部之间的通信，使一个服务尽量独占一个物理机的所有资源。这样的话，在满足资源高效使用的同时，还能使服务能够在长时间运行后正常完成，可以避免服务异常的情况发生和大型物理机等资源的无效占用。

2. 基于虚拟机的微服务资源调度

虚拟机的资源使用方式即通过在物理机上部署多个资源相互隔离的虚拟机，实现对物理机资源的共享使用。其基于 Hypervisor 向 GuestOS 提供隔离的运行环境及封装的计算资源。一般在微服务的运行环境中通过统一的资源调度器来管理虚拟机，如图 6-1 所示。与物理机不同的是虚拟机可以支持在单台物理机上运行多个微服务，如图 6-2 所示。其资源使用方式包含以下几方面。

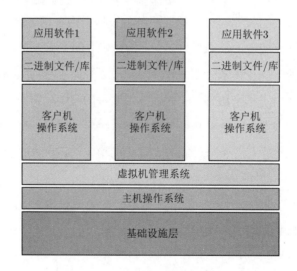

图 6-1　虚拟机的实现原理

❑ 资源调度封装：虚拟机可以封装不同的微服务运行环境，如操作系统、语言运行环境等，且允许基于不同运行环境开发的微服务共同运行，而无须预先协调与适配运行环境。

❑ 资源调度隔离：虚拟机的隔离性较好。单个微服务最为严重的错误仅可能导致虚拟机的崩溃，不会影响到宿主机与其他虚拟机。因此单个微服务的故障与崩溃不会影响到其他微服务。

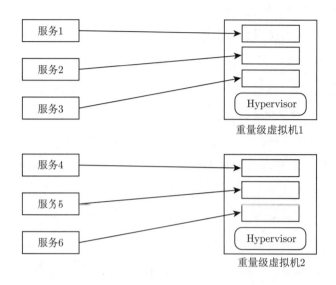

图 6-2　虚拟机的服务资源调度

伴随着微服务种类、应用领域的不断扩展，虚拟机在支持微服务方面也浮现出了一些问题：

❏ 难以支持大规模的突变负载：虚拟机难以快速扩展服务规模以满足大量并发的用户请求。同时，由于虚拟机具有较长的启动时间，导致其服务扩展与恢复时间较长。

❏ 难以支持智能化的资源调度：虚拟机资源调度智能化程度不足，难以进行故障恢复和调度策略的自动调整，只能根据固定的配置规则进行有限的调度，这往往需要投入大量的人力到运维工作中以改善调度性能。

随着互联网的持续发展，单一物理机支持独立大型微服务的调度场景已经不能完全满足微服务的需要。微服务在 21 世纪初采用服务化的形式来支持更大的负载和更为多样化的服务形态。此时，一个微服务往往由数十个虚拟机中的服务构成，其规模不断增大，计算也变得更为复杂[60]。此时的服务涉及各服务组成部分之间的协同：

❏ 粗粒度组织：单个服务可以有大有小，不用完全独占整个物理机的资源。共享资源时通过虚拟机的资源隔离机制保证各自服务的独立性和正常运行，每个微服务内部还包含多个服务能力。

❏ 松耦合组织：不同微服务间通过消息中间件、消息总线等形式进行通信，从而实现对外整体服务的组织；这些通信方式往往采用定制化的协议，各个微服务需要通过远程方法调用等形式解耦通信和计算。

伴随着 21 世纪初互联网的持续发展，微服务负载以高并发的持续负载为主[61]，呈现出以下几方面的特点：

❏ 对 I/O 资源的差异化需求：由于不同微服务的应用场景、用户量等有较大的差异，其对 I/O 资源的需求也存在着明显的倾向，如数据分析服务需要较大的内存和硬盘 I/O 资源，Web 事务服务需要能支持高并发网络请求的网卡资源等。

❏ 对计算资源的差异化需求：由于微服务的运行环境经过多次更新迭代、设备升级等，其占用计算资源的多少需要根据宿主物理机 CPU 型号、内存大小等进行按需调整，这与传统物理机的大型同构资源存在着较大差异。一般计算资源采用 X86 架构的低成本物理机构成，这样在降低运行成本的同时，也使其异构性更加明显。

基于虚拟机的粗粒度服务化的微服务，其服务质量保障目标主要是虚拟机资源供给和微服务资源需求间的匹配关系：

❏ 虚拟机：虚拟机的资源容量与微服务的资源需求相匹配，即微服务有多少需求就给虚拟机分配多大的容量，这样可以有效地避免资源过载（服务异常）和资源浪费等情况。

❏ 服务化架构：对于一个服务化架构最基本的要求就是能够避免不同微服务间资源使用情况的相互干扰。由于单个微服务的资源使用受负载影响较大，导致其运行时还需要通过资源调整、伸缩和迁移等方式调整微服务的资源使用，同时保障微服务的负载承载量和响应延迟等满足相应的条件。

3. 基于容器的微服务资源调度

容器主要包括 Docker、Pouch 等，其核心是使用 Linux 的 cgroup、namespace 等内核机制，即在宿主操作系统之上，进行资源使用控制和命名空间的隔离，提供相较于虚拟机控制粒度更细、调度延迟更低的资源使用方式，由于各个容器之间可共享操作系统内核，从而实现了相较于虚拟机更弱的隔离，如图 6-3 所示[62]。其资源调度器还可扩充到分布式环境，它的资源使用方式包含以下几方面：

❏ 以进程为单位的资源封装：资源被封装为微服务，可由进程实例化调度。其中，资源使用的种类、多少和上下限作为微服务的属性。

❑ 基于调度约束的资源隔离机制：由于容器的隔离性较差，当多个容器共享资源时，则需要通过定义额外约束来避免资源干扰，如将两个需要使用较多 CPU 资源的容器放置到不同物理机上。

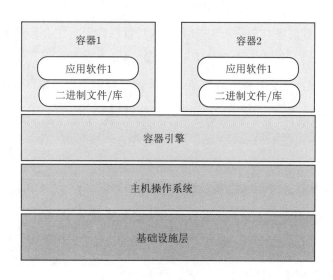

图 6-3　容器的实现原理

伴随微服务应用领域的持续扩展，粗粒度服务化的组织形式已经逐渐过渡到细粒度服务化的组织形态，其呈现出一些更加解耦的新特点，主要表现在以下几个方面：

❑ 细粒度组织：服务粒度的划分相较于虚拟机资源使用方式更加细致，单个微服务的功能也更加单一，接口数量也更少，这使得服务实现的技术栈更加多样。

❑ 松耦合组织：消息总线被服务管理中心取代，只要消息符合协商的架构，则服务的实现就可以根据需要进行更改，而不必担心影响到其他服务。其包含服务集成、服务发现、服务注册等独立的服务管理控制，在微服务的实现中还需要使用服务管理中心的 API[63]。

随着互联网服务在移动互联网领域的不断深化，微服务负载以突变高并发负载为主[64]。基于容器技术，微服务可以根据负载的多少及时进行快速的资源调整，以满足负载的实际需要：

❑ 对高性能 I/O 资源的需求：基于容器的微服务结构更加分散、服务的数量更多，此时虚拟机间的交互需求也更加多样，这些频繁、多样化的需求对网络 I/O 提出了更多的要求，从而产生了一些新型软硬件基础设施，如软件定义网络、智能网卡等。

❑ 对计算资源的异构性需求：伴随流媒体、人工智能等服务的不断普及，除 CPU 型号异构外，GPU、FPGA、TPU 等其他计算架构的异构资源也经常被微服务使用，此时就需要对更多的异构资源进行虚拟化。

基于容器的细粒度服务化的微服务，其服务质量保障目标主要涉及如何精确控制资源分配，以及避免同一物理机之上微服务所用资源的相互干扰：

❑ 服务资源需求：由于单个微服务所在的容器已经被高度解耦，从而可以更加精确地指定资源需求，避免资源浪费；同时，其通过调度约束的形式（亲和性、优先级等）可以消减由于自身隔离能力较差导致的资源干扰问题，从而最大化提高微服务的执行效率。

❑ 服务管理架构：该架构能保障所有微服务能够被其他服务感知且正常通信，在运行期间各服务也不会相互影响。同时，还能综合使用服务管理的多种技术，保障服务的正常运行。

4. 基于函数的微服务资源调度

函数是无服务器计算平台对其基本运行单位的抽象，具有极细粒度的功能，并在运行时按需分配资源。函数可以通过容器方式实现，但出于函数启动时间等因素的考量，函数也开始通过轻量级容器、隔离进程等方式实现，以实现更为高效的资源利用与更快的启动速度[65]。无服务器函数计算平台的基本架构与运行原理如图 6-4 所示[66]，其主要特点如下。

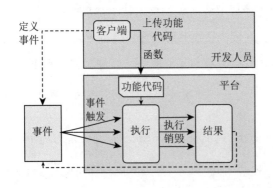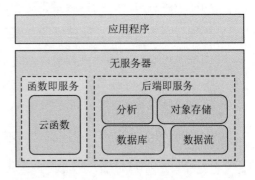

图 6-4　无服务器函数计算平台的基本架构与运行原理

❑ 以函数为单位进行资源封装：对微服务的一个功能再次进行分解，多个函数可以构成一个完整的微服务接口，对外提供服务通过一系列细粒度微服务函数的协同，向用户提供服务功能。用户请求触发微服务函数时，按需构建微服务，实现了高服务扩展性与高资源利用效率的结合。

❑ 基于通信依赖的资源隔离：多个函数间往往需要进行多次频繁通信，为了降低微服务内部函数的通信延迟，一般将一个微服务内部的所有函数组织到一个或者若干个进程中，从而保障微服务的通信延迟。

随着近年来微服务的服务粒度不断细化、服务扩展性不断增强、资源利用效率持续提升，微服务逐渐采用更细粒度的资源调度单元进行资源调度，当前主要采用基于函数基本执行单元的无服务器计算模式，以持续满足微服务不断发展的需求。微服务中具有复杂的函数组织结构，一般可以通过有向图形式组织微服务内部的函数，其中图节点代表函数，节点之间的有向边代表函数之间的输入输出依赖关系。相较于基于虚拟机的服务化方式，它将服务内部的计算过程暴露出来，从而可以更精准地控制资源调度，但同时也带来了更多的通信开销：

❑ 函数组织：提供了对微服务代码的统一函数组织接口，各微服务的代码可以在这里稳定运行而无须担心不兼容的问题。

❑ 状态通信组织：采用无服务计算的函数运行模式，同时还需要存储函数的计算状态，各个状态通过统一的状态存储进行通信。

由于微服务在端云边协同等场景下均可以运行，其呈现出明显的高并发低突变负载特征，因此微服务调度器也需要频繁调整其对应函数负载的资源使用：

❑ 事件驱动的 I/O 资源使用：当没有用户访问时，调度器暂时处于空闲状态，只有当微服务的用户请求到来后，调度器才会创建对应的函数并部署运行。

❑ 异构资源的按需使用：由于以单个函数为资源管控粒度，服务的粒度大大细化，这就可以方便地对单个函数使用的内存、进程/线程量等进行深度定义。

基于函数的无服务器计算微服务，其质量保障目标主要涉及如何降低启动延迟、计算与通信同步的资源开销：

❑ 降低启动延迟：在此阶段下，由于单个函数的运行时间已经相对短暂，所以微服务的运行延迟主要来自事件驱动的响应延迟和不同函数间的通信延迟。在这种情况下，调度器往往使用快速启动机制等来进一步降低除运行时间之外的延迟。

❑ 计算与通信同步：调度器的资源控制粒度已经足够细致，此时服务器计算的主要关注点在于如何给函数快速分配其需要的细粒度资源容量，其往往通过多种历史监测数据来评估需求和供给间的匹配关系，避免造成资源浪费。

6.1.2 微服务资源调度适配技术

伴随资源使用方式的不断发展，微服务越来越多地在云计算资源之上进行资源调度，在此过程中，其面临以下两方面的问题，从而影响资源调度发挥作用：

❑ 资源厂商锁定问题：不同厂商的云资源各异，且因为服务竞争力等方面的考虑采用各自独特的 API，因此不同厂商的 API 之间差异较大，难以使用同一种接口来适配不同的云资源。

❑ 云资源的更新问题：伴随虚拟机、容器等技术的不断发展，云资源调度使用的 API 参数、类型、种类和数量也在迅速发生变化，此时，旧的适配代码也难以适用于这些新变化。

针对上述两方面的问题，为了高效支持微服务调度，需要使用服务适配技术来使调度框架接入多种云资源，从而进行微服务的资源调度。当前的主要适配技术可分为重开发、重编译和重配置三类。

1. 重开发适配

基于重开发的微服务 API 兼容性问题的修复指的是使用云原生 API 进行服务代码的编写[67]。当出现兼容性问题时，需要通过重新开发业务代码的方式进行修复。显然，如果项目比较庞大，则需要花费很多人力以及足够长的时间进行重开发工作。因为在重开发的过程中，需要耗费重新开发代码的时间、重新编译的时间以及运行时更新时间，显然系统的宕机时间会很长，时间周期至少是以天为单位，因此会导致服务长时间不可用，这无法满足大多数场景下的性能需求。基于重开发的适配方法提供标准 API 来解决应用程序的可移植性问题，设计一种开发框架来降低不同云之间的异构性，使开发者一次开发服务之后可以在多个异构云平台进行部署。同时它将异构云控制功能带到边缘，也可以将该功能集成到一个独立的框架中。但是，重开发适配方法所提供的这些标准 API 方法并没有考虑向后兼容，这些服务在出现兼容性问题后，仍需要进行一定的工作，即重开发过程，才能保证微服务跨平台的可用性。

2. 重编译适配

基于重编译的微服务 API 兼容性问题修复方法通过代码生成、注解等一些方式进行兼容性问题的修复，通常会使用到 API 的映射，具体来说就是 High-level API 和 Low-level API 的映射，Low-level API 指的是各个微服务采用各自实现方式的云原生 API，High-level API 指的是对 Low-level API 的高层封装。当系统出现兼容性问题时，这种方案通过重编译的形式进行兼容性问题的修复[68]，而在重编译的过程中，系统的宕机时间包括重新编译的时间以及运行时更新时间，相较于第一种重开发方案，大大减少了系统的宕机时间。

3. 重配置适配

重配置适配主要分为两个部分：知识抽取和统计搜索。知识抽取的过程用来从微服务的若干示例代码中提取三元组模型，统计搜索的过程用来根据三元组模型得到云存储服务的方法和参数[69]。此方案首先发现微服务 API，通过观察和分析不同云厂商云存储服务的示例代码，将其抽象为一个三元组模型（Client→API→Parameter），由此使用基于知识抽取和统计搜索的方式对云存储服务 SDK 进行分析，分析出微服务相关的方法和参数，即获取 Low-level API；随后此方案发现与修复微服务 API 兼容性问题，通过对 API 建立树形结构来比较不同版本 API 树结构的相似性，从而发现 API 兼容性问题；接着建立 High-level API 和 Low-level API 映射模型，通过运行时重映射的方式更新 Low-level API，从而达到修复 API 兼容性问题的目的；最后此方案进行 API 执行优化，通过建立离线规则库存储 API 最优执行图来进行匹配，将 API 执行序列通过并行执行的方式进行优化，从而提高 API 的执行效率。

6.2　智能微服务资源调度过程

6.2.1　数据结构及调度问题抽象

为了提升微服务智能调度的智能水平，以更好地保障服务质量，调度器需要在充分感知不同微服务运行场景的基础上，用统一的数据结构来表达微服务资源需求（包括资源使用多少、使用时长、使用期间的资源偏好特点等）和可用资源容量（单一资源、多种资源、异构可交换资源等），通过数值比较、逻辑关系等设置对应特点的约束，并根据特定调度目标，在统一数据结构基础上进行约束求解，得到符合需要的调度结果。

从调度决策场景的形式化描述中能够抽象出微服务场景下具体的数据结构，以描述当前微服务资源的需求和可用资源的容量等信息。可以将其简单地分为线性结构和非线性结构，两种结构的区别在于对微服务调度中资源需求和可用资源容量的描述方法、解释的角度是否是线性的。常见的线性结构有队列和线性规划，而常见的非线性结构为图，不同的结构又对应于不同的优化方法。下面将从不同数据结构的角度分别介绍其在微服务调度中的决策方法、优化方式、优缺点和适用场景等。

1. 线性结构

（1）队列模型

线性数据结构在微服务场景中是最常见的一种结构，该结构下微服务的资源需求、不同执行载体的资源负载和资源容量等信息都是使用线性结构来描述，且微服务的执行顺序也是线性。常见的线性结构主要有队列和线性规划。两者区别主要在于适用的场景不同，队列结构更适合资源需求相对单一，并且按照先到先执行的顺序来执行调度的微服务。而线性规划在存在多种资源需求的服务调度时，可以根据不同的约束条件去寻求最优调度方案[70]。

队列结构是微服务调度中一种典型的线性结构，队列结构调度过程中待处理的服务和可用于调度的资源都以队列结构存储[71]。其中存放微服务的队列称为待处理微服务队列（下面简称微服务队列），队列结构中的微服务请求相互独立、无状态（是指不存在多个微服务共享同一数据才能完成调度的情况），所以对处理的顺序没有特殊要求；存放资源的队列称为资源节点队列（下面简称节点队列），不同资源间也是相互独立的，可供微服务自由选择。所以队列结构中调度的基本过程是：从微服务队列中取出一个微服务，并在节点队列中寻找合适的资源以执行该微服务。

队列结构及其优化策略非常适用于传统的 Web 型微服务场景，因为 Web 场景下的微服务请求具有独立性和无状态性，且该场景下的微服务请求天然是线性结构的，这些都保证了我们可以使用队列结构来建模和优化调度。针对这类 Web 场景，微服务资源调度的解决方案聚焦于如何为微服务选择合适的节点。需要说明的是，面对数据结构为队列且对资源节点分配顺序需要动态调整的算法或策略都需要持续收集信息，这些信息包括队列中微服务的资源需求、当前系统状态和节点各项资源的利用率等，将作为后续微服务或资源节点重排序的数据依据。这种收集机制，通常是采用每隔若干时间就扫描更新信息的心跳机制，如图 6-5 所示。

　　从请求间关系和调度过程可以得出：队列结构下的调度决策通常通过调整调度中微服务的先后顺序或者资源的分配顺序来优化调度过程，本质是一种对微服务或资源队列的重排序方法。由于调整顺序很多时候需要结合后面介绍的微服务间的约束，所以在这里只关注资源分配原则的设计，下面介绍最常使用的三种调度方案：最优化资源分配[72]、最大或最小适应方式、相对资源比的特征排序。

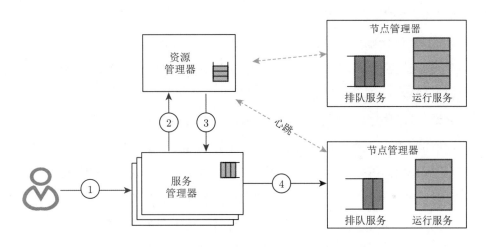

图 6-5　采用心跳机制的队列调度模型结构

　　最优化资源分配方案，是给微服务分配刚好足够满足其需求的资源节点来避免资源的内部碎片化（即分配的资源既不能全部使用，又不足以再分配），该方案强调资源节点的分配应该以能够刚好满足队列中微服务资源需求为原则。

　　最大或最小适应方式，即优先给当前占有资源最多的节点分配微服务，或者相反，优先向当前占有各项资源最少的节点分配微服务[73]。最大适应方式可以减少资源节点占用的数量，当微服务被集中在某些资源节点时，减少开启的服务器数量可以降低服务器能耗。但是这样的分配方式会带来严重的资源碎片化和节点中资源使用的不均衡问题，碎片化的资源无法被有效利用，这会造成资源节点浪费。如果高资源需求量的微服务集中分布在后半部分，此时分散在不同服务器的剩余资源无法被有效组织来处理该服务，降低了资源利用率。最小适应方式因为与前者分配原则相悖，故其优缺点与最大适应方式相反。

相对资源比的特征排序是通过分别计算微服务请求资源间的比值关系，试图匹配相同资源倾向的微服务和资源节点[74]。以算力和内存两个维度为例，通过计算微服务的需求算力和内存比率、资源节点自身的算力和内存比率后进行匹配，微服务的算力和内存的比率关系反映了服务对资源的偏好。可以假设一个微服务调度场景：如果到来的微服务对算力需求大但是内存占用小，那么合理的调度策略应该是将它分配到一个虽然内存资源少，但是算力资源相对丰富的节点，这样对资源节点的使用会更加合理。相反，如果上述微服务被分到内存多但是算力资源不丰富的节点中，该节点由于缺乏算力资源，造成资源分配不均衡，而在后续的分配中无法承载更多微服务，那么此节点的内存资源就被浪费了。这种将服务需求和节点剩余资源相结合，用来评估微服务和节点匹配程度的方式，可作为微服务合理分配节点的重要参考，但在不同场景的应用中还需要考虑实际的资源种类和数量。

总的来说，队列结构的优缺点都非常明显。因为对微服务请求关系有独立性、无状态性等要求，所以适用场景不够广；又因为重排序的策略需要不断收集信息和计算当前最佳的资源节点，所以也不适合大流量系统或者资源种类复杂的情景，这些都是队列结构的缺点。但是如果场景中微服务间关系满足上述条件，包括资源节点和容量信息等都可以用队列来存放和调度，且请求数据量不是很大，再针对性地结合包括上面介绍的各类资源分配和微服务调度的算法，则队列结构不仅适用并且能够得到良好的调度效果。

（2）线性规划模型

在不同的微服务请求相互独立且微服务和资源节点都是线性结构的场景中，如果调度中存在需求资源种类多样和需求数量受限等条件，此时面对复杂的资源需求和需要考虑的各种约束条件，队列调度结构就不再适用了。在这种线性结构场景下不同的微服务间需要竞争各类资源，事实上形成了不同微服务间各种线性约束复杂调度场景。基于线性规划（LP）的调度模型是我们常用的解决方案，从理论的角度出发 LP 通过对资源约束条件进行建模，最优化调度问题可以被转换为在线性约束集合寻找最优解问题。如图 6-6 所示，其横纵坐标为具体的 CPU、内存等资源配置，约束条件根据具体调度、资源、成本等约束给出，例如总资源成本小于特定值、CPU 数量小于特定值等，这些约束条件将缩小搜索空间，构建可行域，最终调度过程通过目标函数确定满足约束条件的资源分配方案。

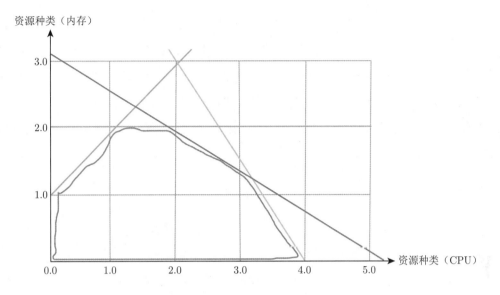

图 6-6　多重线性规划求解

　　LP 非常适用微服务资源需求复杂的场景，比如需要使用多种资源（CPU、内存、硬盘）的大数据分析。在这类场景下，微服务的调度和对应资源节点的分配需要考虑在不同的优化求解公式中寻求共同的可行最优解。队列结构调度中的算法策略只能高效处理以某一类资源元素或者两个资源元素之间的关系作为切入口的场景，而 LP 可以有效利用多种约束信息并用于调度过程，这是它的核心优势。它能够将影响元素和规则抽象转化成不同的数学公式，使每一个决策都能满足不同资源约束，最终实现高效的满足全局微服务的需求和提高总体资源的调度分配效率，从整体角度对资源配置和微服务选择执行载体的放置进行更合理的分配[75]。

　　LP 也可适用于复杂的调度场景，比如由于持续到来的微服务请求而难以准确预估运行时间，并且服务集群自身剩余资源也在不断变化。在这类调度场景下，可以使用基于微服务的多资源 SLO 约束进行 LP 建模，从而指导调度过程。一个典型的整数规划决策过程为：先聚合未决的资源请求，并自动将其转换为混合整数线性规划（MILP）公式，根据执行时间和相关的 SLO 资源约束，使用 MILP 解算器对聚合的微服务进行优化。由于存在不同的约束条件，所以该数据结构下的调度决策的本质是求解线性约束下最优化的过程，LP 可用于解决所有可以用整数决策变量建模的线性结构问题。

　　注意，LP 在使用过程中也存在一些缺点。首先 LP 不是一种整数性质的线性规划，所以 LP 周围的整数解不一定是 LP 的最优解，甚至最优解可能不在可行域内；其次，即使 LP 求得的最优解存在，如果不是当前服务调度可行域的顶点，该解就只是一种相对最优解；另外求解可行解的执行速度也是一个问题，处理器可能很容易处理有 10000 个变量的 LP 问题，但是对于几十个变量的 ILP 问题，处理器需要执行较长时间。这是因为 ILP 没有快速求解的算法，它只能使用暴力搜索算法，这会使求解可行解的运行时间飞速增加。

2. 非线性结构

在微服务调度中存在很多并不属于或并不适用线性结构的调度场景，例如微服务间存在依赖的场景。微服务间若存在前驱后继的关系，此时微服务之间不再相互独立。因此调度过程中需要考虑不同微服务间的依赖关系，不能违背其逻辑上的执行前后关系而随意调整微服务的执行顺序。在这种情况下，使用图结构来建模和优化调度过程更合适。当然，在数据量非常大的微服务调度场景中，也出现了更适用的迭代学习模型。综上，微服务调度中的非线性结构可以大致分为路径扩展的流图结构和基于迭代的学习模型结构。

（1）流图结构

在图结构中，如果已知可执行资源节点和微服务间的前驱后继关系，我们可以使用流图结构对调度过程进行建模。流图类的调度过程从流图结构的生成开始，即先完成将微服务分配问题映射为图中路径构建的过程。由于在资源节点间有容量或费用等限制，下一步需要动态收集系统信息并通过优化达到费用（资源使用量/执行总时间）最小和流量（微服务处理量）最大后[76]，将微服务按照优化后的执行顺序分配到资源节点中执行。

流图结构适用于微服务资源需求变化不频繁、资源节点负载的调整频率比较低且对待调度的微服务数量不敏感的场景。由于 AI 类型的微服务执行时间长，调度中微服务和执行载体节点的中间状态变化比较少，所以流图结构非常适合处理异构可交换资源的 AI 业务类型场景，一般使用流图对该场景中微服务和资源节点进行建模。

从流图的调度和执行过程可以看出，数据结构是流图类的微服务调度决策的第一步都是先构建可行路径（即确定微服务执行顺序和资源的分配方式），然后通过不断增广路径来优化调度结果。根据图结构的微服务调度的相关研究，相对其他算法，最小费用最大流

（MCMF）算法效率可以将决策时间缩减提升一两个数量级[77]。最小费用最大流算法在流图结构下就是先寻找最小费用路径，在该路径上面增流至最大流。

在适合流图类的调度结构且资源节点状态相对稳定的情况下，可以使用基于流图类型的算法如最小费用最大流算法，通过对服务负荷连续调度来提高整体的服务放置质量。这体现了流图类算法最重要的优点：它保证给定调度策略的总体最优服务布局。但是当资源节点状态发生改变 (如微服务提交或者资源节点负载变化)，最小费用最大流类算法的调度器需要更新调度问题的流图结构，然后重新运行算法再产生当前最佳执行方案。对流图类调度决策的研究通常基于流图的调度过程优化，例如如果微服务调度时不同资源节点相互间需要建立链接或部署微服务，在这个过程中需要考虑不同资源节点间的带宽情况，需要根据当前不同节点间网络带宽的稳定性来确定哪些资源节点间可以建立链接和传输待部署的微服务，通过避免不合理的链接建立来提高响应和执行的速度[78]。

（2）学习模型结构

近年来，随着物联网的广泛应用和生成数据量的指数级增长，在这种大数据任务调度场景下，微服务的调度执行顺序、微服务执行载体节点的调度分配等调度过程由于计算量比较高，传统算法很难做出较好的调度决策，所以需要使用基于强化学习[79]或者深度学习等非线性的迭代学习模型来处理[80]。基于学习模型的调度方法根据服务调度日志或者以往的资源历史的调度数据进行分析，实现预测未来工作量和调整调度方式指标参数的决策优化机制[81]。

基于学习模型的数据结构和优化方式如今得到广泛应用。例如在有历史调度信息的情况下，我们可以将深度学习和强化学习相结合以实现基于深度学习的智能调度，通过深度学习中的长短期记忆（LSTM）和强化学习机制，实现一种既能给出实时决策又能利用以往历史信息预测后续服务需求量的调度方法[82]。实时决策过程依赖强化学习迭代流程产生的调度参数，包括状态、动作、奖励和目标（如图 6-7 所示）。状态是指在调度过程中微服务执行状态和执行载体节点的当前负载状况，动作是指基于不同的调度方法或调度准则以预训练的方式做出的调度决策，不同的动作根据设定的目标或标准会有不同结果，这些结果带来的改变称为奖励，通过不同操作带来的不同奖励选择效果最佳的执行过程，完成当前场景的调度目标。参数的迭代优化通过 LSTM 单元实现跟踪服务资源需求和 VM 资源规范之间存在的长期依赖的历史记录及对产生的执行成本的影响。

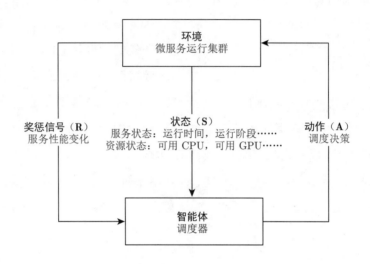

图 6-7　强化学习训练流程

即使没有历史调度信息，依然可以使用强化学习机制来自适应学习服务调度过程。调度器根据当前的微服务运行状态与集群中的资源状态，做出调度决策。微服务与集群发生的变化将形成奖惩信号。例如，微服务运行效率的提高或计算资源的节省将作为奖励信号，允许调度器以后更多做出此类调度决策。虽然强化学习本身非常适合处理学习模型这类结构的微服务，但是在一些场景中在调度时存在着因为不能感知微服务的前后依赖关系和可能的操作数量过大而出现的训练过程中最终调度结果的状态爆炸问题，当出现状态爆炸时会极大延长整体调度时间，为不同微服务的并行调度带来困难。但这些问题可以通过在执行过程中采用信号机制来感知调度过程中不同微服务间的依赖关系，通过定位其前后的微服务来调整执行顺序，使用该策略可用于解决深度学习这类执行时间较长的微服务请求，从而规避由于状态数量爆炸而导致执行效率低下的问题。

综上，我们讨论了在微服务调度中常见的场景以及可能的数据结构，以及这些数据结构可能适用的优化策略。总的来说，队列、图、整数规划和学习模型等结构均通过数值或逻辑定义来实现对一个微服务和特定资源的调度决策，其优化策略的本质在于资源重排序、执行增广路径选择、最优化求解和学习模型训练等途径。

6.2.2　调度优化约束条件

微服务调度过程中存在诸多调度约束,约束的产生既与微服务的架构演进密切相关,也与资源节点的有限性以及多用户服务的服务质量(QoS)需求有密切关系。微服务中的资源调度经历了独占资源的单体应用、有限规划资源的早期 SOA 模式和如今完全共享资源的微服务架构。这些约束的本质是执行决策过程中设计原则和倾向性的不同选择,常见的有公平性/非公平性、优先级、亲和性/反亲和性等约束。

这些约束的相互关系复杂,有时表现为相互促进,有时也会有矛盾冲突。例如我们保证微服务执行中的公平性即严格按照服务到来时间进行安排,就会打破优先级调度中对于后至高优先级微服务的优先调度。因此在资源调度中需要根据微服务的运行场景和不同用户的服务质量(QoS)需求来进行针对性调度。

1. 公平性和非公平性约束

微服务调度中的公平性约束是为了最大程度地保障微服务能够公平地获取不同资源,它一般包含两方面的含义:执行时间公平[77] 和资源使用公平[83]。微服务在执行过程中的公平性取决于不同用户的微服务在多大程度上平等获得资源及其执行时间。由于判断公平程度的目的是定位当前不满足公平性的微服务,调整这类微服务获取资源或执行时间的差异,而调整的本质是对排队中的微服务执行顺序进行调整,为不满足公平性约束的微服务分配更多的资源和执行时间,所以公平性约束主要适用于线性结构下的队列结构场景。

公平性约束对于微服务调度具有重要意义,它保障在微服务场景下不同用户的微服务并发性。在衡量微服务执行时间的公平性时,可以通过计算微服务的期望获取时间(ET)和实际执行时间(AT)的比率值来判断。通过该值可以衡量服务获取执行时间的公平标准,得到的公平程度作为是否满足公平性约束和影响后续调度决策过程的依据。若 ET 小于 AT 即两者比率小于 1 时,认为该场景下微服务的调度是符合公平约束的,反之则不符合公平约束。如果微服务得到的执行时间是不合理的,我们需要在后续执行中增加或减少其执行时间。

对于其余资源的公平性调度,我们最常使用 Max-Min 公平性约束机制,即最大化资源利用率的同时最大化每个微服务接收的最小分配量,该方法可以给与每个微服务相对均衡的资源份额。而对于多资源的公平性衡量标准则存在很大的挑战,因为不同资源类型的微服务对资源需求不同,不能根据它们中的每一项单独决策。在这类异构多资源需求场景的公平资源分配问题中，可以借鉴在 K8s 中常用的 DRF 算法的主导资源公平（DRF）概念，其中主导资源是指微服务在调度过程中需求量最大的资源[84]。我们可以通过评估不同微服务在调度过程中主导资源期望获得量与实际获得量的比率，寻求所有微服务在调度中的公平约束和过程符合帕累托最优。如当计算密集型、内存密集型和带宽密集型等不同种类的微服务同时执行调度时，DRF 算法会尝试令不同种类的微服务主导资源的获取份额相等[84]（如图 6-8 所示）。

在执行时间较短的资源分配中，期望和实际执行时间比值机制和主导资源公平机制都可以保证相对瞬时的资源分配满足公平约束，但这一点是由可持续用于分配的资源由微服务频繁执行完成后即释放来保证的，这对于长时间的机器学习（ML）服务类微服务的训练过程并不适用。

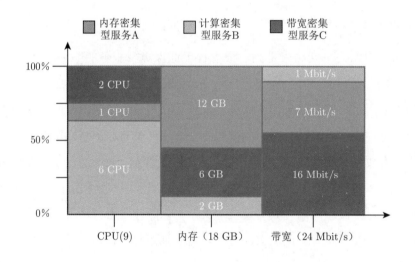

图 6-8　服务 A、B 和 C 的资源需求

在执行时间较长的深度学习类场景下的公平性约束问题，可以通过检查一个微服务在 GPU 集群场景与单独执行的运行时间差值方式来进行公平的执行时间分配机制[85]。将 N 个微服务在共享集群中的运行时间和在 $1/N$ 个集群中单独运行的时间之比作为该微服务的完成时间公平性指标，如果单独占有集群的一部分比在共享集群运行得更快，说明该微服务在集群中的调度受到了不公平对待。另外，在得到是否满足公平约束的信息后，可以将其应用在后续服务的调度中。如果当前服务调度公平性指标较低，表示当前的资源分配并不公平合理，该服务会在后续的执行中被优先处理，从而避免部分微服务一直无法获得

执行资源的情况。上述设计既可以满足长期公平性分配，也可以保证当下的执行效率。

在衡量节点资源被分配的公平性时，节点资源 i 的调度公平率为 $\mathrm{TF}(i) = \dfrac{\ln \mathrm{AT}(i)}{\mathrm{ET}(i)}$，其中 $\ln \mathrm{AT}(i)$ 为实际执行时间（Actual Execution Time），$\mathrm{ET}(i)$ 为期望执行时间（Expected Execution Time），通过该值可以衡量节点资源在执行时间分配上的公平性。对节点资源 j 来说，如果分配到的微服务的资源需求量 $\sum_{i=1}^{atotal(j)} W(j)$ 大于节点资源 j 的处理能力 $p(j)$，认为此时节点资源 j 处于超负荷状态，称为非公平。根据超过量的大小，还可更进一步分为过多非公平性和过少非公平性。

2. 优先级约束

优先级（Priority）约束描述的是微服务调度执行中不同微服务间是否存在不同优先级的问题，或者说在资源节点不足时应该如何分配调度资源的问题。在微服务调度中，由于不同用户和不同类型微服务完成的调度目标不同，难免会出现部分微服务在执行时重要性高于其他微服务[86]。此时需要对其中优先级不同的微服务进行差异化处理，这里我们将介绍基于完成时间[87]和基于服务运行质量[88]这两类最常用的优先级约束，由于优先级约束本身实现需要调整微服务执行和获取资源的先后顺序，所以同样适用于线性数据结构场景。

若在实践中不能假设执行时间信息是可获得的先验知识，即微服务运行时无法准确估计运行时间的场景中，可以使用 LAS (Least-Attained Service) 算法思想来检查和设置不同微服务的时间优先级。LAS 思想是一种根据以往当前仍在执行的服务已经分配的执行时间来预估剩余时间并排序分配的算法[89]，如图 6-9 所示，它是通过统计不同服务当前已使用的时间来维护的多优先级反馈队列（MLFQ）实现的，占用时间长的服务被放入低优先级队列调度，在同一优先级队列中采用先来先服务的思想，调度顺序由排队服务的到来时间决定。除 LAS 算法外，Gittins 指数也经常被使用为不同服务设置优先级。Gittins 指数在每个时间段内激活一个服务获得资源并在经历马尔可夫状态转换后，根据服务获得的资源来计算下一步应该获得的最佳资源量，Gittins 指数可用于多种基于微服务执行时间或资源利用分布的最优策略[90]。

事实上，LAS 与 Gittins 指数也可通过不同微服务已经占用的资源数量来划分执行优先级。比如我们通过在队列中设置中间控制器来统计微服务生命周期内发送的字节数，将发送字节数多（即占用更多资源）的服务优先降级到较低的优先级队列。还可结合微服务的执行时间统计值和当下系统中剩余资源的变化，动态调整阈值并为当前存活的服务设置优先级。超出阈值后提前阻塞后续服务来保持低队列占用率，使高优先级队列能够及时处理优先级高的微服务。

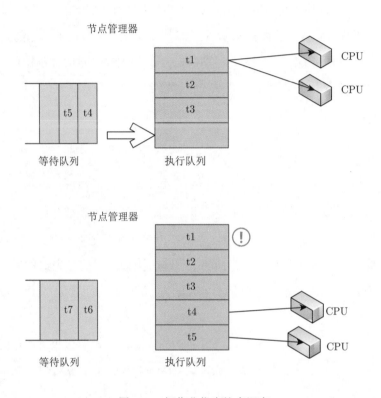

图 6-9　短作业优先约束调度

如果是机器学习类微服务，可以通过执行过程中的运行质量来判断。在这里的运行质量是指深度学习过程中不同微服务迭代一轮优化的效果，一般会通过执行前后的效果来对比[91]。更通用的，我们还可通过模型中执行前后张量大小分布的偏斜或损失函数的减少量来判断当前服务是否是抢占敏感的，如果一个深度学习类微服务执行前后张量偏斜程度越大，说明此次改进质量、改进潜力的效果最好，该深度学习类微服务的资源应该优先保障。同样的，通过预测下一步迭代损失函数值的减少量也可以用来衡量当下微服务运行质量的优先级。这是因为机器学习类模型的微服务训练结果一般通过损失函数值来衡量，通常在迭代的过程中其提升会越来越小，则前后迭代中损失函数值比率的幅度也越来越小。通过张量偏斜或者损失函数可以筛选出质量提升明显的微服务，将其定位为高优先级微服务，并将其与普通微服务区分开，结合基于执行时间或资源占用的 LAS 类算法或 Gittins 指数对运行的微服务进行动态优先级设置，最小化整体完成时间。通过对正在运行的微服务运行质量的评估，还可以调整当前微服务作业的资源分配，以最大程度地利用有限的群集资源。这种动态和细粒度的运行质量评估，可快速适应微服务的质量和系统的工作负载变化。

这种基于统计分析得到高度精确的质量预测并量化资源分配对模型质量影响的方式，对如今广泛存在的深度学习类型微服务调度提供了新思路。基于动态细粒度的运行时质量评估，可以权衡调整所有正在运行的服务的资源分配，最佳利用有限的资源节点。

3. 亲和性和反亲和性约束

微服务之间还存在亲和性约束，这种约束既存在于微服务之间，也存在于微服务和资源节点之间。微服务间的亲和性体现于两个微服务的协同性[92]。比如在网络资源的微服务调度过程中，就需要优先考虑微服务间亲和性约束对调度的影响。如果两个微服务频繁交互，就有必要利用亲和性让两个微服务尽可能靠近甚至部署在一个资源节点上，来减少相互通信带来的性能和时间损耗，这就充分利用了不同微服务间的亲和性（如图 6-10 所示）。

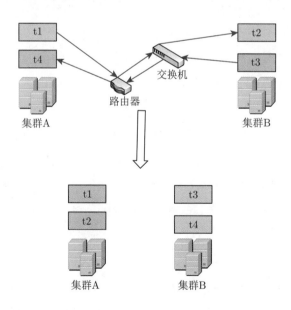

图 6-10　Web 微服务场景调度中的亲和性

当然，在微服务调度中也存在反亲和性，即两个（也可多个）微服务因为存在干扰或者资源竞争等原因而不应该被调度在同一节点或者附近的节点上。这类反亲和的微服务在传输时彼此间会造成迁移干扰。这时我们可以借助反亲和性约束对迁移干扰的微服务进行准确定位，结合偏移时间和当前资源状态选择符合亲和性的节点来有效降低整体的迁移时间和迁移成本，从而实现微服务间资源节点合理使用和整体的负载平衡。

当然，这一约束在不同场景中的表现形式各有不同。例如在深度学习场景下不同微服务在 GPU 集群间进行调度时，同一 GPU 上由于不同微服务的每秒浮点运算（FLOPS）、输入数据量大小和深度学习计算图结构如卷积层数不同，会存在下行链路工作负载干扰的现象。这种共存干扰导致了微服务整体执行时间增加，形成了在深度学习微服务调度场景下的反亲和性约束。借助反亲和特性，通过主动预测部署微服务后 GPU 的使用状态，可以消除在同一 GPU 上不同微服务的干扰情况，提高 GPU 集群的资源使用率[91]。

亲和性/反亲和性约束代表了微服务间关系的两个极端，在调度中如果可以发现并且合理使用任何一种约束都可以取得微服务调度过程优化。事实上，亲和性/反亲和性约束还可以结合使用实现双向优化，这就是更加灵活的基数约束。如果在资源节点中将微服务的分配和微服务的放置两个过程分离，在微服务的分配环节，若不同微服务间存在亲和约束，在分配过程可以根据亲和约束将相互间具有亲和性的微服务统一分配到附近的资源载体中；在微服务的放置环节，更多要考虑微服务与执行载体间的反亲和性，在微服务放置时去掉不适合当前微服务资源需求的执行载体。通过分别使用基于亲和性约束的 LRA 放置算法和基于反亲和约束的传统调度算法，可保证在服务的调度延迟不受影响的情况下，同时提高调度质量。

当然相对于单一性质的优化，这种复合型优化也有一定的限制。需要使用前进行较多的实验，以适配特定场景下微服务需求和集群资源状态。因此在应用中，应该优先对微服务间的关系进行充分的探索，如果存在亲和与反亲和约束，要先明确产生和影响这两种特性的因素，通过对比实验来判断单一的亲和或反亲和约束的收益与有限制的结合两种特性的基数约束的收益哪个更高。

6.2.3 服务质量保障目标

对于微服务资源调度的质量保障目标，可以从微服务的应用场景视角和可用资源的供给视角入手[93]。从微服务的不同应用场景出发，在支撑微服务应用的全生命周期管理的过程中寻找可以提高资源利用效率的角度，使微服务的资源调度更好、更快地被执行。具体而言，包括：缩短微服务的运行时间、缩短微服务的等待时间或者缩短微服务集群中的内部运行时间等[94]。微服务资源供给的调度目标是使资源使用效率提高[95]，具体措施包括根据微服务资源需求高效利用共享资源、根据不同服务器对微服务的加速比调整微服务的执行载体以及调整服务共享资源模式来提升效率等。

1. 基于微服务应用场景的目标保障

在有限的可调度资源情况下，如何在不同场景下通过分析微服务资源调度优化步骤，从而提高可用资源的利用效率并缩短整体执行时间是智能微服务资源调度过程中面对的挑战。由于在不同场景下缩短时间、提升效率所面对的问题和解决方法都不尽相同，下面我们将从深度学习类的分布式集群场景和资源密集型的数据分析场景来描述不同微服务场景下微服务应用调度决策方式，并最终实现缩短不同场景下微服务的运行时间以及提高微服务整体运行效率。

（1）微服务运行时间保障

关于缩短微服务运行时间，在不同场景下可以结合不同数据结构和存在的调度约束选择最佳方式。下面我们以集群场景下的微服务调度为例，在集群微服务调度场景中由于集群中的服务器数量和处理的微服务数量都很大，并且不同用户的微服务运行时间差异明显，要缩短集群场景下微服务的整体运行时间，需要从合理设置服务调度优先级以调整不同微服务获得的执行时间入手。在前文，我们介绍了可以不依靠先验知识，通过微服务已执行时间来设置不同微服务间的时间优先级并用于指导调度的 LAS 算法机制，该 LAS 机制在运行时间差别较大的工作负载场景下，可降低由于等待执行而产生的服务延迟处理时间[89]。

值得注意的是，在分布式集群中由于执行资源节点的方式是多服务器场景，可能会遇到一些挑战：多服务器中不同服务器如何分配微服务才最有效，怎样才能最大化效果？如果没有足够的先验知识，负载均衡的分配原则该以什么作为依据[96]？

面对该场景下的实现难题，我们可以将集群中的服务器先以主从方式划分，不同层次的服务器解决不同挑战。从调度器在服务分配过程中严格实施 LAS 类算法来提高单服务器的执行效率，主调度器借助心跳更新机制不断感知和平衡从服务器的微服务运行时间分布来平衡负载，避免由微服务分配不均造成的服务频繁迁移。通过两级调度机制实现了提高微服务执行效率和整体负载均衡优化目标的解构。

（2）微服务等待时间保障

在资源密集型的微服务调度中，随着待调度的微服务数据量和资源需求量的增加，来自不同用户的微服务在共享的资源池中争夺相同的资源[97]。在该场景下，来自同一用户的微服务间一般是非独立、有状态类型的。注意如果一个数据需要被多个微服务共享，才能完成调度，那么这个数据被称为状态。进而依赖这个状态数据的服务被称为有状态服务[98]。所以该场景下微服务间关系的数据结构以一种有向无环图（DAG）的结构展示（如图 6-11 所示）。

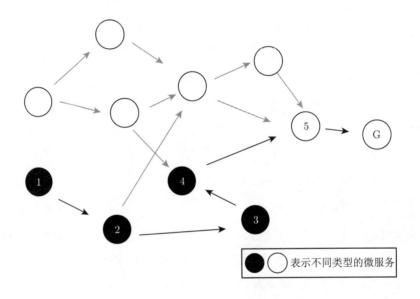

图 6-11　微服务间关系的 DAG 结构

可以很容易看出在该场景下的微服务执行效率提高的瓶颈在于这类链式微服务中关键节点的推进是否顺利。如果出现因为需求资源不足导致微服务链中的关键节点被搁置，那么会导致后续微服务都被阻塞，这会极大增加当前微服务的等待时间。这时我们可以通过DAG 服务链长度、服务链关键路径长度以及 DAG 中不相交路径的数量的标准来筛选部分相对不重要的微服务，关闭并释放其资源，从而为服务链中的关键微服务留出足够的资源，保障这类关键微服务的执行[95]。

该场景下执行的微服务数量正相关程度越强，关键路径中微服务节点越多，保障关键节点中的微服务执行对于整体执行事件的贡献就越大。通过对已分配的资源或时间进行重新分配，可以提高集群场景中微服务的长期效率。在不追求瞬时公平的情况下，这种利他行为调度方式在 DAG 类图结构微服务调度场景中可以降低微服务执行时间，并提高集群中资源的利用效率。

2. 基于微服务资源效率的服务质量保障

从提高微服务可用资源使用效率的视角出发，我们可以根据场景中微服务使用资源的具体特征有针对性地调整当前资源供给的方法[99]。比如多资源类型中微服务使用的资源种类多样，数量各异，在这类场景下要提高整体资源使用效率，我们可以根据微服务资源需求调整资源共享设计、提升资源对不同微服务的加速比或调整微服务共享资源模式等。

在需要使用多种资源（CPU、内存、硬盘）的大数据处理场景中，由于微服务具有高度多样化的资源需求，每一个微服务在执行过程中资源需求种类和数量各异。当多个用户程序的作业在服务集群上共存时，它们的微服务具有不同的资源需求[100]。例如，机器学习微服务是 CPU 密集型，而数据库微服务是内存密集型任务。在这种资源需求不同的情况下，如果不考虑不同微服务的资源需求特征和执行载体资源特征的匹配，会降低资源利用率。例如将网络密集型的 Web 服务分配到带宽有限的节点上，有限的带宽资源能够承载的微服务数量有限，此时该节点的其他资源将无法被有效利用，造成执行载体上的资源碎片化，同时降低资源利用率。此外，过度分配也会浪费资源。如果将两个可以使用资源节点上所有可用网络带宽的 Web 微服务安排在一起，它们轮流争夺带宽会使执行时间增加一倍以上。在资源有限情况下，如何避免造成执行载体资源的碎片化和资源的过度分配是需要解决的重要问题[100]。

要避免上述问题，一个思路是在集群资源调度中，根据不同微服务对所有资源类型的需求，将微服务分配到合适的资源节点上。如果我们能够根据微服务资源需求特征和节点的资源特征进行匹配，可以更高效地利用节点的资源。在调度过程中，最大化服务吞吐量和最小化运行时间为最重要的两个决策原则，为了实现这两个原则，各类资源分配时不能局限于根据微服务的到来时间来决定为其分配资源和执行时间，而是应该优先考虑为剩余执行时间较少的微服务提供资源，降低平均完成时间。注意，这样的分配原则并不属于公平分配策略，但是众多实验结果表明，公平策略并不能获得最好的性能，而牺牲一点公平性优先考虑资源特征匹配和剩余执行时间的决策可以换来整体资源使用效率的大幅度提高，同时最大程度上避免了资源碎片化和非主导资源的过度分配。

在深度学习、机器学习类的场景中，由于执行载体集群中存在具有不同计算资源（CPU、GPU、TPU）的计算节点，而不同类型微服务在不同计算资源上的执行效率天差地别。如GPU 适合数值计算密集的场景（如深度学习类），而对于像视频分析这种瓶颈在于处理大数据的内存和 I/O 的服务，GPU 执行效率最低[100]。如图 6-12 所示，如果仅按顺序调度各服务，微服务 S4 将被迫运行在执行效率更低的 CPU 上，造成执行时间增加，而如果充分考虑不同任务在不同设备上的执行效率，则可以调整微服务所在计算节点，降低整体执行时间[101]。

微服务种类	服务 ID	GPU运行时间	CPU运行时间	加速比
GPU敏感	S1	20	30	1.5
GPU敏感	S2	10	20	2
CPU敏感	S3	50	10	0.2
GPU敏感	S4	10	50	5
CPU敏感	S5	25	20	0.8
CPU敏感	S6	25	15	0.6

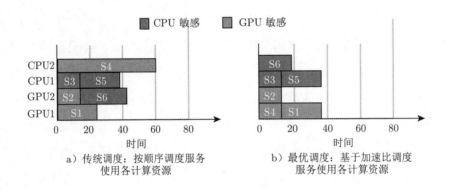

a）传统调度：按顺序调度服务
使用各计算资源

b）最优调度：基于加速比调度
服务使用各计算资源

图 6-12 基于加速比的微服务调度优化

在深度学习类场景中，GPU 会比 CPU 处理能力更强。我们可以通过计算特定 CPU上的微服务处理时间除以 GPU 上的处理时间得出 GPU 的加速比，当高于 1 时表明该微服务更适合 GPU。微服务在不同资源的加速比也成为微服务分配到具体服务器时需要考虑的重要因素，根据微服务在不同类型服务器上的资源加速比，为其分配执行效率最高的服务器。

此外，一个集群中不同服务器数量的比值也是我们决策中的重要参考因素。例如，假设数值计算与逻辑计算的比例为 3:1，那么我们可以将其放置到 GPU 和 CPU 的算力比值也为 3:1 的场景中，此时微服务需求和提供的节点资源配比一致，整体执行效率更高[102]。

6.3　微服务调度性能检测优化

微服务平台在微服务调度之后，需要根据用户请求规模与微服务的运行状态，实时智能调整微服务调度决策，从而允许微服务适应运行时的用户请求。为了实现微服务的运行期优化，微服务平台需要关注不同类别微服务的资源特征，产生运行时资源调整决策[103]。本节首先关注数据分析和机器学习两类典型微服务的负载特征，随后介绍微服务调度的调整优化手段。

6.3.1　微服务应用形态的资源特征

1. 数据分析型微服务

数据分析型微服务对大量数据进行处理，从中提取关联关系、数据类别等信息。由于庞大的 TB/EB 级数据量，以及单计算节点资源的有限性，数据分析任务需要在大规模集群上进行分布式并行计算，因此可以以微服务形式运行，以动态按需使用微服务平台海量的资源池。传统上数据分析型微服务使用 map-reduce 架构，将 map 与 reduce 以微服务的形态进行组织。map 服务处理输入数据，将其映射到键值对，reduce 服务对键值对进行规约。而流式计算作为一种新型计算模式，允许对大规模输入数据进行一系列处理流程并产生最终分析结果。每项微服务对数据进行特定的处理，构成微服务工作流。流式计算数据分析型微服务可以由 DAG 表示，其中顶点是数据分析型微服务，连接顶点的边是数据分析型微服务之间的关系[104]。

数据分析型微服务具有如下特征：

❑ 资源阶段：数据分析型微服务的内部可以划分多个运行阶段，不同阶段对资源需求存在差异，例如数据处理与集成阶段需要跨网络从存储中传输数据，对于 I/O 资源存在较高需求，而在数据分析阶段需要进行密集计算，对于 CPU 与内存等资源存在较高需求，部分数据分析型微服务也可以使用 GPU 等专用加速设备以提高计算效率。

❑ 资源比例：数据分析型微服务对特定的资源存在比例需求，按特定资源比例向数据分析型微服务分配计算资源，可以实现计算效率、资源利用效率与计算成本的最优化，同时，如果将具有不同资源需求的微服务混合部署于同一计算节点，也可以实现计算资源利用的最大化。

2. 机器学习型微服务

机器学习型微服务基于机器学习模型，提供模型训练与推理服务。训练微服务接收输入数据及其对应的输出标签，调整某个预测模型的参数，返回达到指定进度要求的模型[105]。推理微服务使用已经训练完毕的模型，接收输入数据，返回此数据所属的标签。由于在生产实践中产生的输入数据集规模与各应用领域高精度需求促发的模型规模的不断增加，机器学习任务需要分布式并行运行，因此机器学习任务可以以微服务形式构建，动态按需使用微服务平台的计算资源。对机器学习任务的不同分解方式，产生了两种机器学习型微服务的构建方式：数据并行与模型并行。数据并行对数据进行划分，由多个微服务实例进行处理，机器学习的训练阶段在数据并行下需要进行模型同步。模型并行对模型进行划分，每个微服务处理模型的一部分，数据需要经所有的微服务进行处理。

机器学习型微服务具有以下两方面特征：

❑ 资源间异构性：不同机器学习型微服务对 CPU 、GPU 或 FPGA 等计算资源的需求存在差异。首先，不同机器学习型微服务在 CPU 与其他加速设备上的运行效果存在差异，大部分微服务可以在 GPU 等加速设备上获得更优的运行效果，而部分微服务可能在 CPU 上具有更优的运行效果。此外，如果某一机器学习型微服务需要和其他基于 CPU 的微服务进行协同，则此微服务可能也需要部署到 CPU 上[106]。

❑ 资源内异构性：在同种计算资源内部，由于计算资源内部的计算单元的差异，不同机器学习型微服务的运行效果可能也存在差异，例如，对于不同型号的 GPU0 与 GPU1，某种微服务在 GPU1 上可能具有优于运行于 GPU0 上的运行效果，向此微服务供给 GPU1 将具有更大的收益[107]。

机器学习型微服务的资源特征与其算子抽象有关。算子是机器学习模型的基本构建单元，使用计算资源对数据进行特定的计算。不同类别的算子具有资源使用上的巨大差异，例如，卷积算子（conv2d）消耗大量计算资源，具有较长的计算时间，而 relu 等算子的资源占用相对较低，计算速度快。而在算子构建的模型之间也具有算子类别的差异。卷积神经网络（CNN）主要由卷积算子构成，卷积算子支配了卷积神经网络的计算时间与资源使用，而对于循环神经网络（RNN）等模型，split、concatenate、dense 等算子均具有较大的计算时间与资源需求。因此，各机器学习型微服务具有资源间与资源内部显著的差异性。机器学习型微服务的划分方式对这两方面特征的体现存在差异。数据并行化微服务的每个微服务实例包含完整的机器学习模型，其资源特征是模型所有算子的资源特征的总和，而模型并行化微服务将模型划分到各个微服务，因此由于各微服务包含的算子不同，可能具有显著的资源差异。

6.3.2　微服务性能调优的典型手段

由于微服务负载与可用资源随时间不规则变化，为了满足用户需求、减少资源闲置或提高资源利用率等目标，自动资源调整至关重要。资源调整通过微服务的弹性深度特性实现，包含水平调整与垂直调整两种形式。水平调整横向扩展与收缩微服务实例数量，以应对动态变化的用户请求规模，而垂直调整纵向提高或缩减对微服务实例的资源供给，以实现微服务性能目标与资源需求的匹配，最大化资源利用效率。

1. 水平资源调整

水平资源调整在单个微服务实例的资源供给不变的情况下，通过调整实例数量来调整微服务的服务能力。微服务平台基于一定的指标，例如各微服务实例的资源使用状况等，判断当前微服务状态，并进行自动的水平扩展与收缩。

水平资源调整由于仅增加微服务实例，因此适合于不包含状态的微服务。Web 类别的微服务资源调整是典型的水平资源调整场景，Web 服务可以预判用户请求规模，通过简单增加服务实例数量，可以应对大量用户请求。而采用 map-reduce 架构的数据分析型微服务，由于其通过存储系统存储中间数据，因此也可以对 map 与 reduce 微服务节点进行水平资源调整，通过在实例间合理划分任务，实现数据分析的性能优化。

在扩展时，调度器创建微服务实例，将其投入使用。微服务实例具有实例创建、运行时环境初始化与微服务程序初始化等流程，具有一定的启动延迟（即冷启动延迟），而随着无服务器计算等新型计算模式的发展，微服务对于实例启动延迟的要求不断提高，因此当前的微服务平台采取了缓存与预创建方式，提前准备一定数量的微服务实例，以在用户请求大量到来时及时供给满足其需求的微服务实例。缓存方式在水平资源调整缩减微服务实例数量时，不立即销毁微服务实例，而是等待一定时长，逐批销毁微服务实例。预创建方式根据从历史服务轨迹数据学习到的用户请求规模信息，在预测的大规模用户请求到来之前，创建足以满足用户请求规模的微服务实例，以在大规模用户请求到来时直接提供服务。由于缓存与预创建需要持有不提供服务的实例一段时间，当实际的用户请求规模远小于预测的规模时，持有这些缓存与预创建的实例将造成资源浪费，因此当前微服务平台的相关研究使用检查点-恢复机制来快速创建服务实例，这一技术通过为已经初始化、即将提供服务的实例创建检查点，并直接通过检查点恢复微服务实例，因此可以跳过微服务实例启动时的创建与初始化延迟，显著提高启动速度。

当前的主流微服务平台提供了自动化水平资源调整的能力。自动化水平资源调整监测服务的相关状态指标，当服务状态达到特定阈值时，自动触发水平资源调整。服务的相关状态指标通常包含资源指标，即服务的 CPU 占用、内存占用等指标，部分工作也提出了基于服务水平指标，如基于请求延迟、请求队列长度等指标进行水平资源调整决策。这种基于指标阈值的方法面临调整的可行性与准确性问题。首先，过高的资源占用不一定必然导致服务质量的下降，高负载下的微服务仍然可能正常提供服务，而无须资源调整，如果微服务因未被监测的资源（例如 I/O）而陷入资源瓶颈，则即使被监测的资源（例如 CPU）占用较低，此微服务无法正常提供服务，而微服务平台可能不会进行资源调整；随后，基于服务水平的指标需要从微服务内部获取信息，微服务平台难以直接监测请求延迟与请求队列长度等服务指标，微服务需要进行复杂的改造以提供这些服务指标信息；最后，基于阈值的方法难以确定水平资源调整的范围，难以准确启动适当数量的微服务实例来满足大规模用户请求，或关闭适当数量的微服务实例以节省资源。

因此，现有工作开始研究基于学习的水平资源调整，从微服务实例数量与服务水平历史数据中，学习特定用户请求规模与特定微服务实例数量的关系，以准确地维持实例数量，实现微服务服务水平与资源利用效率的均衡。基于学习的资源调整方法通过在线或离线方式，预测可以满足微服务服务目标的实例数量。在线的方式基于大量微服务的服务水平与实例数量，通过贝叶斯优化或强化学习等方法搜索配置空间，调整实例数量，最终搜索到满足服务水平的优化实例数量，这一方法需要进行若干次的试运行，并可能因搜索空间问题导致次优化的结果。基于深度学习的方法从微服务特征、服务水平与实例数量中学习预测模型，并通过此模型直接预测给定微服务与服务水平下的优化实例数量，这一方法存在着离线训练开销，数据集规模影响着此方法的准确性。

2. 垂直资源调整

垂直资源调整在实例数量不变的情况下，通过调整单个微服务实例等资源供给而调整微服务的服务能力。微服务平台基于一定的指标，判断当前微服务是否处于资源不足或资源过量的状态，并进行自动的垂直扩展与收缩。

垂直资源调整由于需要调整微服务实例的资源配置，适用于不可简单通过增加实例数量来提高服务能力的情况。流式计算的数据分析型微服务与机器学习场景下的微服务，适合于通过垂直资源调整的方式进行性能调优。这类微服务由于存在复杂的内部状态，如果采用水平扩展，将具有巨大的状态通信与同步开销，而通过向微服务实例提高资源供给，则可以提高此微服务实例的服务能力，进而实现微服务整体的性能优化。

现有的资源分配方案对于微服务性能与资源需求考虑不足，可能导致向其过量供给非必要资源，而缺少必要资源的供给，例如向 I/O 瓶颈的微服务供给 CPU 等资源，不仅会导致 CPU 资源的过量供给，且仍会因为 I/O 资源不足而影响微服务的服务质量，因此，微服务平台需要定位微服务的关键资源与性能瓶颈，以做出优化的垂直资源调整决策。

基于端到端管控的资源调整尝试基于微服务性能监测，对微服务进行垂直资源调整，通过向其供给满足指定的性能需求的资源，并消除过量的资源供给，从而减少资源浪费，提高资源利用效率。端到端按需调整伸缩资源方法由两个独立的阶段组成，第一阶段通过资源限制消除过量资源，第二阶段通过性能改进供给必需资源。资源限制阶段包括微服务的资源限制与微服务迁移，微服务平台首先监测微服务的端到端性能，并缩减对这一微服务的资源供给。随后，微服务平台尝试通过最小适应方式，将资源缩减后的微服务迁移到其他计算节点中，进而尝试减少启用的计算节点的数量。在进行微服务迁移时，微服务平台需要考量微服务使用的资源类别，防止出现微服务间的资源干扰。性能改进阶段将实施阶段一之后的空闲资源，提供给需求此类资源以实现其性能目标的微服务。微服务平台监测微服务并定位其关键资源，且向其供给资源。

由于需要调整对微服务的资源供给，因此根据调整的具体资源及其封装形式，微服务平台可以直接进行调整，或者需要中止与重启微服务。对于具体资源，Linux 的 CGroup 提供了面向进程组的资源调整机制，允许直接设置 CPU、内存、I/O 等资源的限额，而对于 GPU 等设备，由于其通常分配给某一微服务实例独占使用，而微服务通常也不支持 GPU 等资源的动态调整，因此对 GPU 等资源的垂直资源调整，可能需要中止当前微服务，使用新资源配置重启微服务。而对于资源形式,由于容器基于 Linux 的 namespace 与 CGroup 实现,因此其 CPU 等部分资源可以动态调整,而对于虚拟机,由于虚拟机提供完全隔离的独立运行环境,因此其资源调整通常需要使用新资源配置重启虚拟机,带来微服务实例的服务中断[108]。

6.4 典型微服务智能资源调度方案

与传统的单体应用相比,微服务在进行拆分后存在两个问题:一是测试和发布工作量的提升;另一个是在弹性扩缩容时,不同微服务所要求的软件运行环境差异导致机器初始化复杂度的提升。如何调度微服务、如何运作才能更好地对外提供服务,仍然是需要考虑的问题。

微服务调度问题是指当前集群里有一批可用的物理机或虚拟机,在微服务需要发布时,如何选择用于部署微服务的机器。这时就需要专门的微服务调度系统了,在微服务场景下,一般将调度系统分为三类:集中式调度方案、分布式调度方案以及混合式调度方案。本节将通过一些典型的调度方案详细介绍工业界以及学术界是如何解决容器调度问题的。

6.4.1 集中式方案

集中式方案是指在微服务场景下,所有的请求最终汇总到一台服务器上,由这台服务器统一协调请求和其他服务器之间的关系。这种由一台服务器统一管理其他服务器的方式,就是分布式体系结构中的集中式结构(也称为 Master/Slave 架构),其中统一管理其他服务器的服务器是主服务器,其他服务器是从服务器。

集中式结构由一台或多台服务器组成主服务器,系统内所有的业务先由主服务器处理,再交给从服务器。多个从服务器与主服务器相连,将自己的信息汇报给主服务器,由主服务器统一进行资源和任务调度。主服务器根据上报的这些信息,将微服务下发给从服务器,由从服务器执行微服务,并将结果反馈给主服务器。由于集中式系统的主服务器往往具有较强的计算能力和存储能力,主服务器在管理和进行服务调度时,不需要考虑对服务的多节点部署问题。部署结构简单是集中式结构最大的特点,其整体架构如图 6-13 所示。

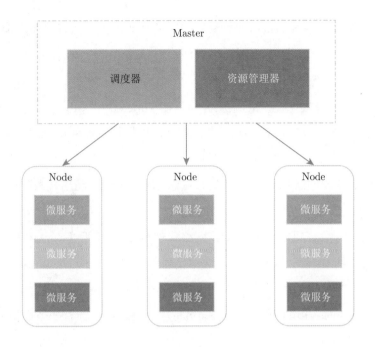

图 6-13　集中式架构示意图

1. 集中式调度器 Kubernetes

Kubernetes 作为业界主流的微服务调度系统，是一种典型的集中式方案。2014 年，谷歌开源了 Kubernetes，它是一个基于 Omega、Borg 以及其他谷歌内部系统实践的开源系统[109]。Kubernetes 的核心是在集群的节点上运行容器化的微服务，可以自动扩缩容，包括部署、调度、节点间弹性伸缩等操作。作为典型的集中式结构，一个 Kubernetes 集群主要由 Master 节点和 Worker 节点组成。

Master 节点由 API Server、Scheduler、Cluster State Store 和 Control Manager Server 四部分组成，运行在中心服务器上，负责对集群进行调度管理。具体而言：

- ❏ API Server：所有 REST 命令的入口，负责处理 REST 的操作，确保它们生效，并执行相关业务逻辑。
- ❏ Scheduler：根据微服务需要的资源以及当前 Worker 节点所在节点服务器的资源信息，自动为微服务选择合适的节点服务器。
- ❏ Cluster State Store：集群状态存储，默认采用 etcd 分布式统一键值存储，能够持久化存储集群配置，主要用于共享配置和服务发现。

❑ Control Manager Server：执行集群级别的功能，比如执行生命周期功能（命名空间创建、事件垃圾收集、已终止垃圾收集、级联删除垃圾收集等）、复制组件、持续跟踪工作节点等。

Worker 节点用于运行容器化的微服务，包括 kubelet 和 kube-proxy 核心组件。

kubelet 通过命令行与 API Server 进行交互，根据接收到的请求对 Worker 节点进行操作。即通过与 API Server 进行通信，接收 Master 节点根据调度策略发出的请求或命令，在 Worker 节点上管控容器（Pod）及其运行状态（比如重新启动出现故障的 Pod）等。Pod 是 Kubernetes 的最小部署单元，每个 Pod 包含一个或多个微服务执行的资源及规范。

kube-proxy 负责为容器（Pod）创建网络代理/负载平衡服务，从 API Server 获取所有 Server 的信息并据此创建代理服务，这种代理服务称为 Service。kube-proxy 主要管理 Service 的访问入口，即实现集群内的 Pod 客户端访问 Service，或者是集群外访问 Service。具有相同服务的一组 Pod 可抽象为一个 Service，每个 Service 都有一个虚拟 IP 地址（VIP）和端口号供客户端访问。

Kubernetes 中的调度器是作为一个独立组件运行的，调度周期主要包含两个步骤：预选和优选。调度器会通过预选（predicate）策略遍历节点列表 Node List，选择符合要求的候选节点，Kubernetes 已经内置了多种预选规则供用户选择。获得候选节点后，会通过优选（priority）策略采用特定的优选规则计算每个候选节点的评分，最后选择评分最高的宿主机。如果最高得分节点不止一个，会从评分最高的宿主机中随机选择一个节点。其详细调度流程如下：

❑ 调度器维护一个调度好的 podQueue 并监听 API Server。

❑ 创建运行微服务的 Pod，通过 API Server 进行对象校验、准入控制等操作，并将 Pod 元数据写入 etcd。

❑ 调度器通过 Informer 监听 Pod 状态。当有新增 Pod 出现时，该 Pod 会被添加到调度队列中。

❑ kube-scheduler 将 spec.nodeName 的 Pod 加入调度队列，进入调度周期，即预选和优选阶段。

❑ kube-scheduler 将 Pod 与得分最高的节点进行绑定操作。

❑ kube-apiserver 将绑定相关信息写入 etcd。

❑ kubelet 监听分配给自己的 Pod，调用 CRI 接口创建 Pod。

❑ kubelet 创建 Pod 后，更新 Pod 状态等信息，并向 kube-apiserver 上报。

❑ kube-apiserver 写入数据。

❑ 假设调度器调度 Pod 失败，并且启用了优先级和抢占，则首先尝试抢占，删除节点上优先级低的 Pod，将要调度的 Pod 调度到该节点。如果没有开启抢占或者抢占尝试失败，则会在日志中记录相关信息，并将 Pod 添加到调度队列的末尾。

在调度周期中，常用的预选策略包括：

❑ CheckNodeMemoryPressure：检查内存资源占用情况。

❑ CheckNodeDiskPressure：检查磁盘 I/O 资源占用情况。

❑ CheckNodePIDPressure：检查 PID 资源占用情况。

❑ CheckNodeConditionPred：检查节点是否正常。

❑ GeneralPredHostName：如果 Pod 定义了 hostname 属性，会检查节点是否匹配。

❑ PodFitsHostPorts：检查 Pod 要暴露的 hostports 是否被其他服务所占用。

❑ MatchNodeSelector：看节点标签能否适配 Pod 定义的 nodeSelector。

❑ PodFitsResources：判断节点的空闲资源（如 CPU 和内存）是否能满足 Pod 的要求。

❑ NoDiskConflict：根据 Pod 请求的卷和已挂载的卷，检查 Pod 是否适合于某个节点。

❑ NoVolumeZoneConflict：检查 Pod 请求的卷在节点上是否可用。

常用的优选策略（打分阶段）包括：

❑ most_requested：选择消耗资源最多的节点。

❑ least_requested：选择消耗资源最少的节点。

❑ node_label：根据节点标签判定是否得分，存在标签即得分，否则不得分。

❑ image_locality：节点上有所需要的镜像越多，得分越高。

❑ node_prefer_avoid_pods：节点倾向。

❑ taint_toleration：将 Pod 对象的 spec.toleration 与节点的 taints 列表项进行匹配度检查，匹配的条目越多，得分越低。

❑ selector_spreading：与 Service 上其他 Pod 尽量不在同一个节点上，节点上同一个 Service 的 Pod 越少，得分越高。

❑ interpod_affinity：遍历节点上的亲和性条目，匹配越多的得分越高。

2. 基于 Kubernetes 的扩展

Kubernetes 作为普适的微服务调度解决方案，在应用到大数据、高性能大批量计算以及 AI 等专业领域时，与业务需求会存在一定差距，主要体现在：

❑ Kubernetes 的原生调度功能无法满足计算要求。

❑ 不支持多租户模型下的微服务调度。

❑ 在数据管理方面，缺少计算离线侧数据缓存能力、数据位置感知等功能。

❑ 硬件异构能力较弱，Kubernetes 使用 GPU 是独占式的，多 Pod 不能共享使用同一块 GPU。

❑ Kubernetes 的作业管理能力无法满足 AI 训练的复杂需求。Kubernetes 自带的资源调度器会依次调度每个微服务，但在 AI 训练或者大数据场景下的微服务，必须由多个容器同时配合执行，依次调度容器是无法满足需要的，即 Gang Scheduling 场景。

❑ 资源管理方面缺少分时共享，不支持弹性调度，资源利用率低。

所幸 Kubernetes 提供了扩展自身的能力，当其原生的特性不足以满足用户的需求时，用户可以在不改变其代码的情况下，通过它提供的扩展机制来实现需求。华为云容器团队在 2019 年开源了一款基于 Kubernetes 的容器批量调度引擎——Volcano，针对调度、作业管理、数据管理以及资源管理四个方面进行了优化。

在最主要的调度方面，Volcano 解决了 Gang Scheduling 的问题，即一组容器要么同时成功，要么都不执行。除此之外还提供了 DRF[84]（Dominant Resource Fairness）、binpack 等调度算法。Gang Scheduling 调度算法的核心概念即为"组"，只关注一组容器的调度结果。首先遍历各个容器组（Job），之后模拟调度这一组容器中的每个容器（Task）。最后判断这一组容器可调度容器数是否大于最小接受限额，满足要求即往该节点调度（Bind 节点）。

由于 Kubernetes 在云端和服务器端取得了巨大成功，它也被运用于边缘端的资源调度和管理。事实上，边缘计算的覆盖范围更广，所需要的带宽成本更高，同时受环境影响比较大。鉴于这些部署难点，如果将 Kubernetes 系统扩展到边缘计算场景，边缘节点将通过公网和云端连接，从公网的不稳定性以及成本等因素考虑，它对系统的可用性提出了更高的要求。但如果在边缘端成功部署，原本比较难统一管理的边缘设备就将得到 Kubernetes

带来的云原生技术便利，从而极大地降低运维成本。

由华为云开源的 KubeEdge 项目是把 Kubernetes 应用到边缘计算的一种典型的解决方案。KubeEdge 对 Kubernetes 进行了模块化解耦、精简，使 KubeEdge 最低运行内存仅需 70MB，还实现了云边协同通信、边缘离线自治等功能，可以将本机容器化应用编排和管理扩展到边缘端的设备。它构建在 Kubernetes 之上，为网络和应用程序提供核心基础架构支持，并在云端和边缘端部署应用，同步元数据。KubeEdge 能够较好地兼容 Kubernetes 原生 API，可以使用原生 Kubernetes API 管理边缘节点和设备。此外，KubeEdge 还支持 MQTT（Message Queuing Telemetry Transport）协议，允许开发人员编写客户逻辑，并在边缘端启用设备通信的资源约束。

3. 集中式方案的局限性

集中式微服务调度方案的特点在于架构模型简单，能够保证一定的计算任务效率与服务质量，但是这种方案还是存在一些问题：

❑ 存在单点瓶颈的问题，不能支持大规模集群。

❑ 一个调度器需要实现所有的功能模块，这导致了调度器的内部实现异常复杂。

❑ 处理复杂异构负载较为困难，增加了微服务调度系统的复杂性。

6.4.2　分布式方案

为了解决前文提到的集中式方案的缺陷，我们引入了分布式方案。分布式方案的微服务调度系统架构着眼于去中心化：调度器只负责调度逻辑的实现，并使用多个各自独立的调度器来响应不同的负载。在设计分布式调度方案时，如果调度器之间没有任何协调，则可以使得每个调度器都只作用于本地集群的状态信息，根据自身所获取的最少的先验知识进行最快的决策。如果调度器之间相互通信，则每个调度器都可以依据集群的全局状态信息来进行更优的调度以提高集群利用率。

分布式调度器通过使用多个调度器来提高吞吐量，降低延时，保证可用性，解决了集中式方案的单点瓶颈问题。因此，微服务可以提交到任何调度器，调度器可以将微服务发布到任何集群节点上执行。如果一个调度器失效，用户可将相应的微服务提交到其他调度器上执行，其整体架构如图 6-14 所示。

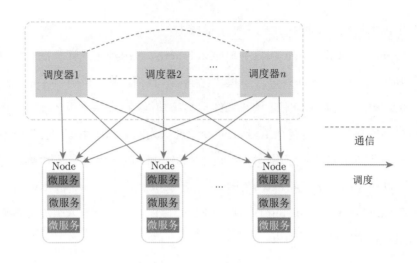

图 6-14　分布式架构示意图

1. 分布式调度器 Apollo

微软的并行式计算集群拥有数万台服务器，每天需要处理大量复杂的计算型微服务，为了合理地利用计算资源，优化性能并应对意外情况，微软设计了分布式的调度框架——Apollo。Apollo[110] 采用了分布式设计，各调度器可以相互通信，每个调度器需要根据集群的全局状态信息进行独立的队列式调度，其整体架构如图 6-15所示。

在调度过程中，为了确保每个调度器能及时更新整个集群的信息，Apollo 引入了轻量级的硬件独立机制来为调度器提供集群中所有服务器的资源使用情况，同时提供了 token 机制、校正机制以及机会调度机制等策略来保障 Apollo 调度器的调度质量。

❑ 基于 token 的资源管理机制：Apollo 引入基于 token 的机制进行资源管理，每个 token 都被定义为在集群中的计算机上执行常规微服务的权利，预定义了该微服务最多消耗多少 CPU 和内存。出于安全性和资源共享的原因，将为每个用户组创建一个虚拟集群。每个虚拟集群根据 token 数量分配了一定数量的容量，并维护所有已提交微服务的队列。提交的微服务包含目标虚拟集群、必要的凭据以及执行所需的 token 数量。虚拟集群利用各种准入控制策略，并决定如何以及何时将其拥有的 token 分配给提交的微服务。未获得所需 token 的微服务将在虚拟集群中排队。一旦微服务获得所需的 token 并开始执行，调度器就要执行调度计划，在遵守 token 分配的前提下向服务器分配微服务，加强微服务之间的依赖性，并提供容错能力。

❑ 基于预测的调度机制：Apollo 节点对微服务的调度情况进行预测，调度程序将其与启动成本和远程数据访问的估计结合起来以做出放置决策，并通过随机延迟进行调制以减少冲突。

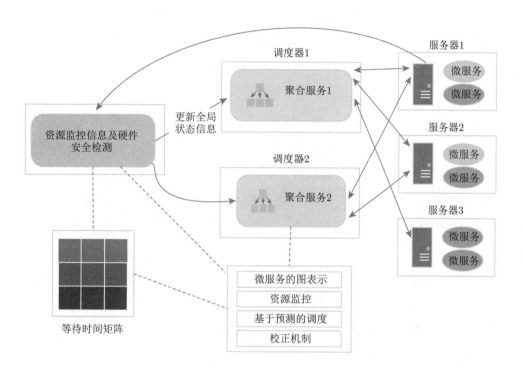

图 6-15　Apollo 架构示意图

❑ 机会调度 (opportunistic scheduling) 机制：一个完整的微服务通常会经历多个阶段，并具有不同级别的并行性和变化的资源要求，但其分配的容量通常一致。系统上的这种负载波动为调度器提供了机会，即通过提高利用率来提高作业性能。为了提高集群的利用率，Apollo 将微服务分成了两类，常规微服务（regular micro-service）和机会型微服务 (opportunistic micro-service)。微服务在常规模式下可以使用足够的 token 来覆盖其资源消耗，也可以在机会模式下执行，而无须分配资源。每个调度器首先调度具有 token 的常规微服务，如果使用了所有 token 并且仍然有待调度的微服务，则可以应用机会调度来调度机会型微服务。通过在每台服务器上以较低优先级运行机会型微服务，可以防止常规微服务的性能下降，并且如果服务器处于高负载，任何机会型微服务都可以被抢占或终止。

❑ 校正机制：为了应对集群中微服务可能出现的冲突以及运行时的异常状况，Apollo 提供了校正机制进行集群运行时的动态调整。

Apollo 采用了稳定匹配算法的一种变体来实现调度过程。对于批处理中的每个微服务，Apollo 会找到估计完成时间最短的服务器作为该微服务的提案。如果服务器只收到了一个微服务提案，则该服务器会接受该提议。当多个微服务提案同一服务器时，就会发生冲突。在这种情况下，服务器将选择完成时间最短的微服务。每一个服务器及其接受的微服务形成一个匹配对，未选择的微服务撤回其提案，并进入下一个试图匹配其余微服务和服务器的迭代。该算法持续迭代直到所有微服务被分配或者达到最大迭代次数为止。这有效地利用了数据局部性，从而提高了微服务调度性能。然后，调度器根据所有匹配对的质量对它们进行排序，以决定调度顺序。如果匹配的微服务具有较短的服务器等待时间，则认为该匹配具有较高的质量。调度器遍历排序的匹配项并按顺序进行调度，直到超出分配的容量为止。如果启用了机会调度，则调度器将继续调度任务，直到机会调度限制为止。

为了简化匹配算法，在效率和质量之间进行权衡，Apollo 只能在一个批次中为每个服务器分配一个微服务，否则考虑到新分配的任务，Apollo 必须更新服务器的等待时间矩阵，这增加了算法的复杂性（每次匹配都是以没有分配新任务为前提）。这种简化可能导致任务的次优匹配，因为这是贪婪算法的另一个变种。当次优匹配项的质量较低时，Apollo 通过两种方式减轻影响：1）延迟微服务的派发，并对此微服务进行重新评估；2）如果已经派发了次优匹配项，则通过校正机制对此微服务进行重新调度。

2. 分布式调度器 Sparrow

在微服务调度框架中，微服务的执行时间越来越短，可以并行执行的任务数量显著增加（例如 MapReduce 类型的任务执行需要 10min，而 Spark 类型的任务只需要 100ms），与此同时，数据框架的迭代要求调度器能够支持每秒数百万任务的调度，并且保证调度延时和可用性。普通的集中式调度器和两层调度器都不能满足这些苛刻的要求，符合条件的系统必须满足高吞吐量、低调度延时和高可用性。基于这样的背景，Sparrow 出现了。

Sparrow[111] 内的多个调度器之间没有任何协调，其整体架构如图 6-16 所示。

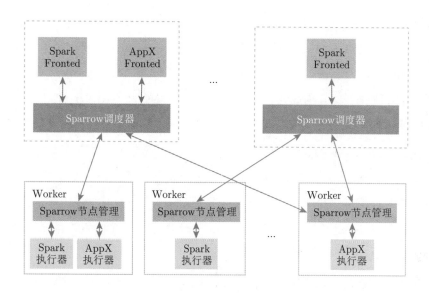

图 6-16　Sparrow 架构示意图

Sparrow 属于典型的分布式调度器，其设计目标包含三点：

❑ 低调度延时。调度器支持每秒数百万的任务调度。

❑ 高并发。每个 Worker 中有一个始终运行的线程，类似于线程池，当新任务到来之后可直接运行，减少了启动开销。

❑ 保障优先级，实现公平分享策略，满足资源限额约束。

分布式调度器在协同进行资源调度时会出现资源竞争的问题，Sparrow 采用了三种方法对调度过程进行优化，分别是批作业采样（Batch Sampling）、后期绑定（Late Binding）、策略及约束（Policies and Constraints）。

首先是批作业采样，它由单作业采样 (Per-task Sampling) 改进而来。单作业采样的思想来源于 "the power of two choice" 方法：随机从系统中的 Worker 中取两个进行采样，将需要调度的 Task 分配给其中负载更小的 Worker。相比于从系统中随机选择一个 Worker 进行分配的调度方法，the power of two choice 方法的等待时间有指数级减少。具体步骤为：

❑ 对于每一个需要调度的 Task，Scheduler 从集群中随机选取两个 Worker，并发送探针（RPC 请求）。

❑ Worker 在收到 Scheduler 的 RPC 请求后，回复在其上面等待队列的长度（等待队列的任务数量）。

❑ Scheduler 将需要调度的 Task 放置到等待队列最短的 Worker 上。

❑ Scheduler 重复上面的操作，直到一个 Job 的所有 Task 都被调度完毕。

在采用批作业采样时，Sparrow 会假设数据节点的每个 Worker 针对每个计算框架都有一个长时间运行的 executor 进程，每次针对 m 个 Task 随机选择 $d \times m$ 个节点的机器进行采样，然后选择这 $d \times m$ 个节点中队列最短的 m 个节点进行任务放置。具体而言，如果一个 Job 有 m 个 Task，在单作业采样的场景下如果每个 Task 发送 d 个探针，那么在批作业采样场景下，会一次新发送 $d \times m$ 个探针到 $d \times m$ 个不同的 Worker 上，然后将这 m 个 Task 调度到 $d \times m$ 个中负载最轻的 m 个 Worker 上。在任务的并行程度增加的情况下，这种方式可以达到更好的效果。

第二种优化方法是后期绑定。批作业采样的采样方式存在一些问题，首先队列长度和任务的执行时间并不呈线性关系，例如某个队列长度为 1，但是这个任务执行时间可能是 10min，另外一个列队长度为 3，但是所有任务的执行时间总和可能小于 10min。其次，由于消息延迟，在并发环境下可能会导致竞争条件出现，会出现多个调度器将任务调度到队列较短的节点上。Sparrow 的调度器对其进行了优化，没有直接将 Task 指派给某个 Worker 执行，而是在被选出来的 Worker 中登记一个排队信息。当 Worker 空闲并准备启动下一个任务时，通过排队信息向调度器请求真正的 Task 数据，之后调度器会让第一个请求启动成功。通过这种简单的方式，可以显著地减少 Task 在 Worker 处排队等待的时间。

第三种是策略及约束方面的优化。在中心化架构下，Sparrow 支持了一小部分的调度策略：

❑ 系统支持 Task 对所要执行的机器进行约束描述，例如某个任务必须运行在搭载有 GPU 的机器上等，这个是大部分调度系统都会有的策略。

❑ 支持严格的优先级策略和加权的公平策略。在节点上会根据优先级维护不同的队列，来保证对不同优先级用户的支持，同时也支持对队列进行加权。

❑ 用户之间的隔离策略，在资源不足的情况下保证某些用户的相对性能。

作为一个并行数据处理框架，Sparrow 同时支持 per-job 和 per-task 约束。在处理 per-job 约束时，Sparrow 从集群中随机选取符合约束的 $d \times m$ 个候选 Worker。然后，按照批作业采样方法进行任务调度。

per-task 约束是指调度时需要满足 Task 的需求，例如，一个 Task 需要调度到有这个 Task 输入数据的 Worker 上。在有 per-task 的约束下，每个 Task 都有其可以执行的 Worker 集合，因此，不能使用批作业采样，而需要使用单作业采样，结合后期绑定机制在符合要求的 Worker 集合中选择一个 Worker 调度。

当然，Sparrow 作为一种去中心化的架构，一些复杂的约束规则无法实现。比如调度策略不支持抢占，这导致低优先级任务对高优先级任务有较大影响。同时，Sparrow 的约束维度较少，支持的约束较为简单，也不支持 GANG 调度，Worker failure 的支持还不够好，这些都是 Sparrow 存在的缺陷。

Sparrow 主要是解决在大规模并行并且 Task 很短的情况下，如何提升一个 Job 的响应时间（亚秒级），以满足交互式的应用需求。传统的 Scheduler 是中心化的架构，使用全局性的 Worker 信息并提供精确的调度和较好的响应时间，但是吞吐率和可用性无法保证。而 Sparrow 提出了去中心化的架构，通过使用批作业采样技术和后期绑定机制，可以保证较低的 Job 响应时间，并且各个调度器之间无状态依赖，从而提供高可用性和高吞吐量。尽管 Sparrow 和 Apollo 都采用分布式调度框架，但是在制定调度决策的方式上却有所不同。Sparrow 的采样机制将在调度队列最短的机器上安排微服务，而无须考虑影响完成时间的其他因素。相反，Apollo 调度程序通过估计任务完成时间来优化微服务的调度，该微服务的完成时间考虑到了诸如负载和位置等多个因素。Sparrow 在具有延迟绑定的多台服务器上使用了预留机制，减轻了其对调度队列长度（而不是任务完成时间）的依赖。这种保留机制会给处于工作负载中的多台服务器带来过多的初始化成本，而 Apollo 的校正机制则很少在我们的系统中触发以带来不必要的开销。

6.4.3　混合式方案

集群中运行着不同类型的服务，不同类型服务的调度目标并不完全一致，一般将其分为在线服务以及离线服务。

在线服务属于长生命周期服务，这类服务通常具有规则策略复杂性高、时延较为敏感的特性。典型的在线服务场景包含网页搜索、即时通信、电子商务、流式计算、语音识别等。相较于在线服务，离线服务的生命周期短，对服务有不同的优先级，同时还有着大并发、高吞吐的要求，但其对性能要求不高，常见的 MapReduce 作业和机器学习训练作业都属于离线服务。

由于在线服务对性能要求较高，业界通常采用独占集群的方式，避免在线服务与其他服务共享计算资源，并且要为在线服务分配临界或过量的计算资源，以便于处理高峰期的工作负载。但这种部署方式会导致集群的资源利用率低下（在线作业集群的 CPU 利用率通常是 20% 以下），与之相反，离线服务资源利用率较高，通常能达到 80% 左右，只要求在某个时间节点前完成。因此，如何在保证在线作业性能的条件下，尽量不降低离线服务的性能，提升资源利用率，需要对整个应用平台做出巨大的改变，从上层的调度到下层的内核级别的隔离，这些都会对调度系统的效果产生影响。

在面对具有不同类型工作负载的微服务时，集中式方案会随着微服务类型的增加而效率下降，无法保障集群的资源利用率。而分布式调度器尽管有效地提高了吞吐量及并发度，但是其调度质量却无法得到保障，也不能避免不同任务之间的性能干扰。为了解决集中式方案与分布式方案在此类场景中的缺陷，我们引入了混合式调度方案。混合架构致力于通过组合单体或共享态的设计来解决分布式架构方案的缺点，保障微服务的调度质量。

在混合式调度器中，由负责协作的调度器管理集群中所有资源，按照一定策略将资源分配给不同的调度器。混合式调度方案的整体架构如图 6-17 所示。

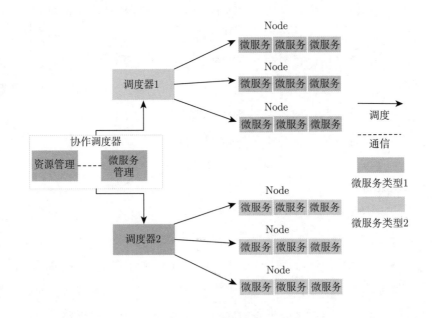

图 6-17　混合式调度架构示意图

诸如 Tarcil[112]、Mercury[113] 和 Hawk[114] 这样的混合式方案中有两种调度路径：通过一个分布式调度器来处理负载（比如很短的任务或低优先级的批处理任务），而另一个中心式的调度器处理其他任务。

Hawk 把去中心化和中心化的调度器做了一个混合。通常而言，去中心化的调度实现只适合短生命周期微服务的负载，因此，Hawk 在调度长生命周期的作业时使用了中心化的调度器，而在调度短作业时使用了去中心化的调度器。除此之外，Hawk 为了两者能够更好地协同工作还做了一些优化，比如一个 Worker 执行完自身的所有任务后，会从其他尚在执行任务的 Worker 中取一些短作业进行执行。

Mercury 和 Hawk 的核心思想是一样的，分别设计了资源请求路径和任务调度路径，这既保留了集中式调度方案的优点，又兼顾了分布式调度器的优势。对于没有资源偏好且响应要求高的微服务采用分布式调度器，对于微服务调度质量要求较高的采用集中式调度器进行资源分配。Mercury 和 Hawk 都是在总结中心化的调度方案和去中心化的调度方案各自的优缺点后，提出了一种混合式方法。不过在实现环节，Mercury 在 Yarn 上实现，而 Hawk 则在 Spark 上实现。

在微服务调度中采用分而治之的分层调度设计可以更为有效地克服集中式、分布式微服务调度方案的缺点，并确保短作业的低延迟，同时保持高资源利用率，无须显著牺牲长生命周期作业。

Pigeon[115] 调度器正是采用了这种分而治之的思想，它是一种用于异构作业的两层分层调度器。Pigeon 调度器将 Worker 分成多个组，并将每个组中的任务调度委托给一个组长。作业被提交后，Pigeon 将传入作业的任务尽可能平均地分配给 Master。将任务分派给 Master 的目的是以简单为主，不考虑任务的类型。每个组中的 Master 通过维护两个加权公平队列来实现更复杂的调度，一个用于来自短作业的任务，另一个用于来自长生命周期作业的任务，并将每个组中的 Worker 划分为高优先级 Worker 和低优先级 Worker。短作业可以在任何 Worker 上运行，而长作业的任务只能在低优先级 Worker 上运行。只有当组中有 Worker 时才会调度任务，否则根据其类型在相应的优先级队列中排队。

Pigeon 的分层设计特别适用于异构作业。首先，分层设计有效地缓解了对短作业的队头阻塞。Master 之间简单的 Job-oblivious 任务调度可以防止突发任务垄断所有 Worker，并在 Job 之间提供一定程度的隔离。与集中式调度器中相同类型的任务（例如短作业）只能按 FIFO（先到先服务）顺序服务不同，Pigeon 中不同作业的任务在主节点之间均匀分布，它甚至允许一些作业比其来得更早的作业先执行。其次，分层设计保留了分布式调度器良好的可扩展性，又能避免随机负载均衡的陷阱。在没有全局知识的情况下，Master 之间的规模以及与类型无关的任务调度为有效的负载均衡提供了足够的随机性。组内基于加权公平排队的调度是确定性的，可以确保快速定位空闲的 Worker 以服务对延迟敏感的工作，而不会让长生命周期的作业长时间无法执行。

混合式调度器 Fuxi-Sigma

在混合式调度方案中，阿里巴巴混部系统 Fuxi-Sigma 取得了不错的成果，其混合部署规模经历了"双十一"交易核心场景的验证，做到了万级每秒的交易体量。与此同时，在线集群引入了离线计算任务，这使日常 CPU 利用率从 10% 左右提升至 40%。在性能干扰方面，混部环境对在线业务服务的干扰影响小于 5%。Fuxi-Sigma 的整体架构如图 6-18 所示。

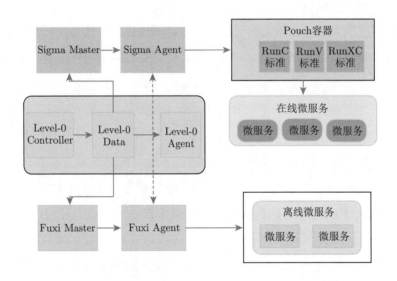

图 6-18　Fuxi-Sigma 混合部署架构示意图

阿里巴巴的混部资源调度平台分为在线侧资源调度系统以及离线侧资源调度系统两个部分。其中在线业务的调度系统 Sigma 始于 2011 年，并形成了一整套以 Sigma 为中心的集群管理体系。

Sigma 由 AliKenel、SigmaSlave、SigmaMaster 三个组件联动协作，AliKenel 部署在

每一台物理机上，可以对内核进行增强，在资源分配、时间片分配上灵活地按优先级和策略调整，对任务的时延、任务时间片的抢占、不合理抢占的驱逐都能通过上层的规则配置自行决策。

SigmaSlave 的主要功能是对本机进行容器 CPU 分配、应急场景处理等，可以通过本机 Slave 对时延敏感任务的干扰快速做出决策和响应，避免因全局决策处理时间长带来的业务损失。

SigmaMaster 是中心组件，可以统揽全局，为大量物理机的容器部署进行资源调度分配和算法优化决策。其架构如图 6-19 所示。

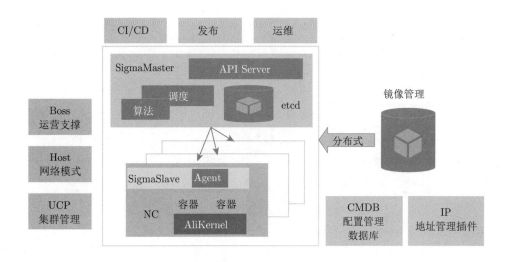

图 6-19　Sigma 架构示意图

Fuxi[116] 调度系统则是在前人的基础上进行了一系列改造，首先与 Yarn 和 Mesos 系统类似，Fuxi 将资源调度和任务调度分离，形成两层架构。在规模上，Fuxi 两层架构易于横向扩展，资源管理和调度模块仅负责资源的整体分配，而不负责具体任务调度，达到轻松扩展集群节点规模的目的；同时，Fuxi 具有较高的容错性，某个任务运行失败不会影响其他任务的执行，资源调度失败也不影响任务调度；在效率方面，由计算框架来决定资源的生命周期，可以复用资源，这提高了资源的交互效率；与此同时，不同的计算任务可以采用不同的参数配置和调度策略，Fuxi 还支持资源的抢占。

Fuxi 在进行任务调度时，主要涉及两个角色：计算框架所需的 App Master 以及若干个 App Worker。App Master 向 Fuxi Master 申请/释放资源；拿到 Fuxi Master 分配的资源后会调度相应的 App Worker 到集群中的节点上，并分配 Instance（数据切片）到 App Worker；App Master 同时还负责 App Worker 之间的数据传递以及最终汇总生成作业的状态；同时为了达到容错效果，App Master 还负责管理 App Worker 的生命周期，例如当发生故障之后它负责重启 App Worker。App Worker 接收到 App Master 发来的 Instance 后执行用户计算逻辑；其次它需要不断地向 App Master 报告它的执行进度等运行状态；App Worker 最主要的任务是负责读取输入数据，将计算结果写到输出文件。Fuxi 任务调度系统的技术要点主要包括数据的本地性、数据的混洗以及实例的重试和备份。其工作流示意图如图 6-20 所示。

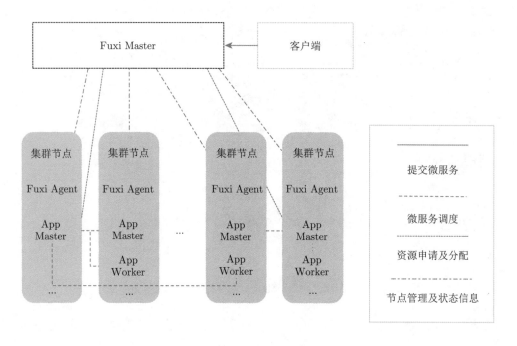

图 6-20　Fuxi 架构示意图

在进行混合部署时，Sigma 通过 Sigma Agent 调用 OCI 标准的 RunC、RunV、RunLXC 三种标准启动 Pouch 容器。Fuxi 也在这台 NC 物理机上抢占资源，启动自己的计算任务。所有在线任务都在 Pouch 容器上，它负责把服务器资源进行分配切割，通过调度把在线任务放进去，将离线任务填入其空白区，保证物理机资源利用达到饱和，这样就完成了两种任务的混合部署。

6.5　本章小结

本章介绍了微服务质量保障和资源调度框架。首先对资源调度技术进行了简单概述，介绍了资源调度技术的演进和资源调度适配技术。然后，对服务资源调度过程进行了详细介绍。接着，考虑服务的资源特征，对服务调度的性能进行检测优化。最后，介绍了分布式、集中式和混合式三种典型的调度方案。

智能微服务监控与可靠性维护

本章在第 6 章的智能调度基础之上介绍服务质量保障相关的运维部分的内容,重点介绍面向微服务架构的智能运维技术,主要包括服务监控、服务异常检测、服务故障定位和服务恢复四大部分。其中,7.1 节对智能运维技术及其发展历史等做了简要介绍。7.2 节主要介绍了服务监控的相关内容,针对不同的监控场景介绍了常用的监控方案。7.3 节讨论了服务故障检测的具体内容,介绍了针对不同故障的常用检测方案,并对基于预测的指标异常检测进行了详细介绍。7.4 节主要介绍了故障定位的具体方案,并重点介绍了基于服务调用关系的故障定位方法。7.5 节简单介绍了服务故障恢复的相关技术,主要包括一些基础的服务故障处理方案以及服务恢复技术。

7.1 智能运维概述

智能运维即 Artificial Intelligence for IT Operations(AIOps),这一概念最早由 Gartner 在 2016 年提出,其目标是基于多样的运维数据(日志、监控信息、应用信息等),结合机器学习和大数据等多种技术,从海量的运维数据中学习数据的特征和变化情况并总结出特定的规则,根据所学习和总结的规则制定一套合适的策略并进行决策,从而弥补传统运维技术在针对大规模微服务架构系统时所存在的效率低下、响应迟缓、成本高昂等问题,以适应当前的各种大规模系统,实现对故障的提前预判、快速发现以及故障原因的快速定位,提高运维能力，降低运维成本。

利用人工智能来辅助甚至部分替代人工决策，从而进一步提升运维质量和效率，已经成为当前运维技术的主要发展方向，并且已经在各行业中开始广泛应用。

例如在互联网行业，阿里巴巴开发了智能故障管理平台，以业务为主要目标，通过时序分析和机器学习方法，进行业务指标预测，实现了业务异常检测和故障的及时发现。百度实现了基于智能流量调度的故障自愈框架，支持智能化流量调度、策略编排、异常检测。京东实现了基于网络拓扑的根源告警分析，通过相关性和关联性分析，结合服务调用链分析以及审计网络算法，实现了告警分类筛选、告警根因的快速定位，提高了故障定位效率。腾讯设计了基于机器学习的时间序列异常检测方案，针对百万量级的时序日志信息，实现了高效的异常检测。

例如在金融行业，交通银行建设了数据中心运维大数据平台，实现各类运维数据的存储，并通过监控告警、关联分析、建模预测等手段实现了故障前的智能预警和故障后的快速定位。中国银行构建了"运维大数据仓库""运维数据分析平台"的计算框架，实现对运维数据的集中存储和处理，并应用于多个运维场景。

7.1.1　运维技术的发展历史

回顾运维技术的发展历史，可将其大体分为三个阶段：人工运维、自动运维和智能运维。其中最早出现的是人工运维；随着许多自动化技术的出现，就产生了自动化的运维；现在，随着运维数据积累、计算机算力提升和人工智能算法的快速发展，智能运维开始成为主要的发展方向。

1. 人工运维

人工运维是运维的最初阶段，根据人工干预的程度可以将这一阶段分为更小的两个阶段。首先是人工阶段，在这一阶段，运维问题基本是靠人工操作完成，由于系统整体规模较小，所涉及的运维问题相对简单，主要集中在硬件、网络和系统这三个层面，因此有一定操作系统或网络维护经验的运维人员就可以解决这些运维问题。在这种场景下，雇用系统管理员运维复杂计算机系统是当时业界比较普遍的做法；但这种落后的运维方式，在互联网业务快速扩张、人力成本高昂的时代，难以适应运维要求，因此很快便进入了人工运维的第二个阶段——脚本工具阶段：由于人工阶段中存在大量重复烦琐的操作，并且完全可以通过转化为脚本来实现，因此运维人员通过编写一些批处理脚本，简化大量的重复操作，从而提升了运维效率。

人工运维受限于人为因素，运维效率较低，从而导致系统的可用性和可靠性相对较低，并且运维人员需要掌握多个系统的运维知识和操作指令，学习难度和成本较高，且存在较高的人力成本，不适用于分布式大规模系统。随着业务规模的迅速扩大和人力成本的快速增加，这一落后的运维方式难以维系，人们开始寻找更高效的运维方式，自动运维应运而生。

2. 自动运维

通过将一些重复且烦琐的操作封装成许多脚本，确实能够在很大程度上提升运维效率，但是与此同时，我们所面对的业务场景和系统体量也在日益增大并且更加复杂，以互联网为例，与传统的长间隔发布场景不同，互联网类型的业务发布更加频繁，并且随着用户规模的增大、服务器数量的显著增加以及部署业务的多种多样，单纯靠脚本执行，已经完全不能满足要求。此时就要面临更加复杂化的场景实现，以一次业务部署为例，运维人员要进行服务器安装、系统变更配置、安装软件包、启停进程，然后配置服务的负载均衡等。在这一情况下，就需要设计一个流程将多个脚本功能进行串联，以实现整个业务流程的自动化，同时还需要一些脚本执行结果校验及判断，从而确保流程的正确性和可用性。在这一阶段，运维开始趋于结构化、平台化，各种面向运维的自动化工具和技术不断涌现，SRE、DevOps 等运维理念开始出现。各个企业也开始开发自己的运维平台，通过对多种工具进行结合，实现各个运维流程的自动化和统一管理。

自动运维效率较高，并且由于各种自动化工具的应用，异常处理和恢复的速度有较大提升，系统的可用性和可靠性较高。自动运维需要运维人员对自动化工具有一定掌握，学习难度和学习成本较高。自动运维在互联网、金融等多个行业中有广泛的应用，可应用于常规的分布式系统，有良好的适用性。总的来说，自动运维可以认为是一种基于行业领域知识和运维场景领域知识的专家系统，根据领域知识制定出特定规则，并进一步根据制定的规则实现具体的运维工作。但随着整个互联网业务急剧膨胀和服务类型的复杂多样，基于"特定规则"的专家系统逐渐无法满足系统的运维需求，自动运维的不足日益凸显。

3. 智能运维

智能运维的出现主要依托以下三个方面的发展：机器学习算法突破、计算能力（如GPU）的提升、海量数据。AIOps 是人工智能在运维领域的应用，它不依赖于人为指定规则，主张通过机器学习算法自动地从海量运维数据中不断学习、提炼并总结出相应的规则。智能运维是在自动运维基础上的发展，我们可以将智能运维分为两个层面，即AI 和 Ops。AI 就如同人的大脑，负责进行决策判断，而 Ops 则相当于手脚躯干，负责执行 AI 所下达的决策指令。具体到运维层面，AI 部分需要解决的主要问题是如何快速发现系统中的问题，并且能够判断问题的根因并制定出合适的策略，而当 AI 部分完成了决策制定时，则需要一个完备的自动化执行体系来快速准确地执行对应的运维操作，从而实现运维系统的最终目的，比如容量不够就扩容、流量过大就应该触发限流和降级等。

智能运维通过智能算法自动分析处理事件，并实现多种自动化工具的联动，运维效率高，其通过智能分析、预警、决策等方法实现高效率的异常处理，同时通过提前预警，在一定程度上可以避免异常，具备很高的系统可用性和可靠性，此外系统中的故障分析、异常分析及预警由智能运维系统自动实现，对运维人员而言学习难度和学习成本低。由于智能运维基于大规模数据和较高的计算能力实现，因此适用于具备相应条件的大规模企业和分布式系统。

7.1.2　传统运维技术面临的挑战

运维技术所面临的挑战主要来源于系统、软件、架构三个层面。在系统层面，随着行业的发展，业务规模快速扩张，与此同步而来的是系统的不断演进，对运维而言，其挑战主要体现在系统的规模和复杂度不断增大，系统的变更频率加快，与系统相关的技术更新的速度提升等。以微软 Azure 数据中心为例，大概半年就会进行一次拓扑结构和底层技术的更新。在软件层面，随着软件规模的不断扩大，软件方面的挑战体现在软件中各服务之间调用关系的复杂度的不断增加，以及软件更新频率的逐渐加快，另外，由于持续集成、敏捷开发、DevOps，导致软件的每一个模块随时都有可能发生改变，从而随时可能产生故障。在架构层面，随着传统的分布式软件架构逐渐转变为微服务架构，在微服务架构下服务的粒度更细，架构中的服务数量上升，对运维而言，将要面对更长的服务调用链，更加复杂的调用关系，以及更多的故障点。除此之外，由于容器、持续交付、工程方法的不断演进，也不断地给运维工作带来更多的挑战。

对于目前的运维技术而言，其最主要的难点是如何应对突发故障，及时实现突发故障的预警、检测、定位、止损、修复和规避，也是我们要解决的关键问题。在传统模式下，当一个故障发生时，传统的处理方式是通过众多运维人员共同讨论和排查引发故障的具体原因，以求能在最短的时间内找到并解决问题。但随着业务系统复杂度的提升，这种传统的故障处理方式往往需要花费更长的时间来解决问题。如图 7-1 为某互联网公司业务系统中的服务请求调用关系图示例，显示了在业务系统工作过程中不同应用和服务之间的部分调用关系，当其中的某个服务发生故障时，必然会影响其所在调用链上的相关服务，从而导致复杂的服务异常并且难以通过传统方式进行快速处理。除此之外，传统的运维技术无法对可能出现的故障进行预警，从而无法满足系统的可靠性需求，因此，如何实现系统故障的提前预警、故障的快速检测以及故障原因的及时定位，成为目前运维技术所要解决的主要问题。

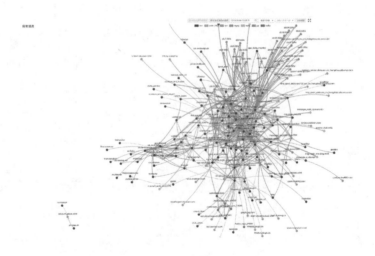

图 7-1　某互联网公司服务请求调用关系图

7.1.3　智能运维系统框架

对一个智能运维系统而言，其所要提供的主要功能包括以下几个方面：首先要能够对整个业务系统的状态进行监控，并且以可视化的方式反映给运维人员，以便其能够及时地了解系统的运行状态；其次，运维系统要能够对系统中的异常和故障进行及时的预警和检测,并能通过告警及时反馈给运维人员,方便运维人员及时处理;第三,需要能够对造成系统异常和故障的根本原因进行检测和定位,协助运维人员更快速地查找系统存在的问题并加以解决;最后,运维系统应该具备一定的故障恢复能力,如进行服务回滚、服务重启等操作,尝试对于系统故障进行解决,从而最大限度地确保系统的可用性。基于上述分析,本小节列出了一个智能运维系统的基本结构,如图 7-2 所示。

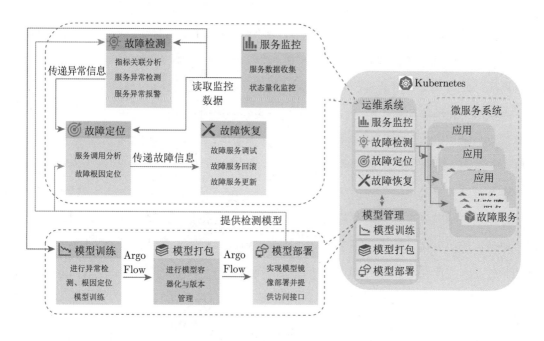

图 7-2　智能运维系统框架

　　系统包含四个主要的运维模块,分别是服务监控、故障检测、故障定位和故障恢复。除此之外还配套一个模型管理系统,用于管理实现智能运维所需要的人工智能算法模型的更新管理。将整个运维系统划分为细分模块,每个模块分别实现运维中的一部分特定功能。各个模块的主要功能描述如下。

　　服务监控对在 Kubernetes 微服务平台中运行的服务的各项指标以及服务之间的调用关系进行收集和存储,提供服务指标和服务调用关系的可视化监控图表。同时为服务异常检测模块和服务智能报警模块提供获取数据的接口,便于对服务指标的分析。

　　故障检测模块基于服务指标收集模块提供的服务指标数据,根据不同运维数据特点,依托不同的人工智能算法,构建服务异常检测模型,并使用异常检测模型分析 Kubernetes

微服务平台中正在运行的服务的实时指标，实现对指标所出现的异常数据的实时检测，并对服务异常发出警报；并基于服务指标收集模块提供的服务指标数据和服务异常检测模块提供的服务异常数据，结合服务网格生成的服务调用关系图、服务指标因果关系图以及开发人员自定义的报警拓扑关系图等信息，为开发人员提供报警配置、复合报警、报警收敛、报警通知等功能，简化了配置报警的流程，在服务出现故障时将报警的相关信息及时通知用户。

故障定位模块实现对故障检测模块所检测的异常和故障根因的定位分析，由于微服务系统中各服务之间存在复杂的调用关系，因此当其中某一个服务发生故障时，往往会引起多个与故障服务存在调用关系的服务也出现异常，故障定位模块就是要快速地从多个故障服务中找出引起故障的根因服务。该模块基于服务的调用关系图，首先确定服务之间的调用关系，从而找出与故障服务存在关联关系的其他服务，接下来通过多种人工智能算法，基于服务调用图实现对于根因服务的快速定位，提高故障的处理效率。

服务故障恢复模块提供对故障服务进行检测、调试和恢复的能力。当定位到发生故障的服务之后，开发人员首先对故障服务进行检测，确定和复现故障。同时可以利用故障恢复模块提供的服务调试能力，在本地启动修改过的故障程序，直接连接到微服务平台中的其他服务，大大简化了微服务调试工作。将故障修复后，开发人员只需将代码改动提交到Git 仓库，故障恢复模块便可以拉取最新的代码，结合微服务平台的 CI/CD 技术对故障服务进行重新部署。

配套的模型管理系统负责实现运维系统中人工智能算法模型的管理，由于业务系统的动态性和不稳定性，往往导致系统的状态不断变化，这些变化将引起系统指标数据的变化，而由于智能模型对于系统数据的强依赖性，当系统指标发生变化时，往往会导致模型的效果下降，反映在运维系统层面将体现为异常检测、根因定位等功能准确性的下降，因此为了适应业务系统变化，运维系统需要根据最新的运维数据对智能模型进行及时更新和重新部署，这也正是本章所介绍的模型管理系统的主要作用。

7.2 智能微服务监控和分布式追踪

在微服务架构下，应用会根据业务功能被拆分为多个细粒度的微服务模块，各模块之间通过 REST/RPC 等协议进行互相调用从而实现特定功能,因此用户的每一次请求将不再由某一个服务独立完成,而是转变为多个微服务协同完成。而对于一个规模较大的系统而言,用户的不同请求将产生规模庞大且结构复杂的服务调用链,当调用链中的任何一个微服务出现故障或者网络延时时,都会造成整个调用失败,进而造成用户请求失败,影响业务系统的正常运行。因此对于运维系统而言,就需要对整个系统进行监控,及时了解系统中各个微服务的状态,监控服务中指标的变化情况,以便当微服务出现异常时能够及时发现,从而确保业务系统的正常运行。除此之外,监控也是整个运维的基础,智能运维领域中的异常检测、根因定位等技术都需要依赖监控所产生的数据来实现对应的功能。另外,监控也是微服务质量保障和资源调度的基础,基于这些丰富的监控数据,系统才能够采取合理的调度策略,从而保障微服务系统的高质量运行。

监测的整个过程是从服务负载到联合数据收集中间层,再到后端监测,包括度量值收集模块和分布式追踪模块,而后是发送到异常检测、故障定位模块,检测系统异常并定位故障根因,最后发送到展示预警模块进行监测数据的展示和预警。服务是监测目标,与每个服务部署在一起的是一个服务代理,所有的服务代理形成一个透明的通信网格,每个服务发送和接收来自同一个服务实例中服务代理的消息,利用网络的拓扑结构,所有传入传出的 TCP 流量将被转发到其中。接着传送到联合数据收集中间层,被联合数据收集中间层收集后会经历数据抽取、属性补充、数据校验、格式转换等一系列操作,并根据不同的数据格式适配分发到指定后端。后端监测包括两部分内容,一个是基于规则的度量值监测模块,另一个是跨语言分布式追踪模块,度量值监测模块负责收集应用层、容器层的 CPU、内存、磁盘 I/O 等基础资源,数据会经历获取、数据格式的转换、数据合并等过程,而分布式追踪模块负责收集应用服务之间的调用链和构造服务间依赖关系,数据获取之后会进行校验、统计、存储,暴露出相应接口以供其他模块调用[117]。

按照监控对象和内容的不同,目前常规的微服务监控主要分为以下三类:日志 (Logging) 类、调用链 (Tracing) 类和指标 (Metrics) 类。通过日志类监控,可以对系统和各个服务的运行状态进行监控;通过收集指标,可以对系统和各个服务的性能进行监控和评估;通过监控调用链可以追踪服务请求在各个微服务中进行处理的流程和细节。

7.2.1　日志和指标监控

1. 日志监控

对于运行在后台的微服务而言，无法直接观察到服务的运行状态，因此日志就成为其获取服务运行状态、查找服务问题的有效方式。日志类比较常见，框架代码、系统环境以及业务逻辑中一般都会产生一些日志，当需要通过日志分析系统问题时，运维人员不可能逐个地查看日志，其中一种有效的方式是将所有服务日志进行收集和聚合，汇总之后根据不同的来源和属性如服务名、TraceID、IP 等对日志进行过滤，从而快速查找需要的日志。

构建一套集中式日志系统，可以提高定位问题的效率，而一个完整的集中式日志系统，需要包含以下几个主要特点：

❑ 收集：能够实现多种来源日志数据的采集。

❑ 传输：能够把日志数据稳定地传输到管理系统。

❑ 存储：拥有合理的日志存储策略。

❑ 分析：支持日志分析。

❑ 警告：能够提供错误报告和监控机制。

目前日志的输出和处理的解决方案比较多，比较流行的日志管理方案是 ELK Stack 方案，即通过 Elasticsearch、Logstash 和 Kibana 三个开源工具的组合，实现日志的分析、可视化和实时搜索。

Elasticsearch 是一个开源分布式搜索引擎，提供收集、分析、存储数据三大功能。它的特点有：分布式，零配置，自动发现，索引自动分片，索引副本机制，RESTful 风格接口，多数据源，自动搜索负载等。

Logstash 是用来进行日志收集、分析和过滤的工具，支持多种来自不同数据源的数据。一般工作方式为 C/S 架构，Client 端安装在需要收集日志的主机上，Server 端负责将收到的各节点日志进行过滤、修改等，再一并发往 Elasticsearch。

Kibana 也是一个开源和免费的工具，Kibana 可以为 Logstash 和 Elasticsearch 提供日志分析友好的 Web 界面，可以帮助汇总、分析和搜索重要数据日志。

Logstash 收集 App Server 产生的 Log，并存放到 Elasticsearch 集群中，而 Kibana 则从 Elasticsearch 集群中查询数据生成图表，再返回给 Browser。

2．指标监控

对服务指标的监控，是整个微服务监控的重要组成部分，服务指标能够快速且有效地反映服务的运行状态，除此之外智能运维中异常检测和故障定位等技术都依赖于服务指标，对实际生产中排查问题至关重要。指标监控可以细分为多种类型。

（1）基础设施指标监控

面向微服务的基础设施监控，主要针对容器、宿主机 (虚拟机、物理机)。需要监控的指标主要包括 CPU、内存、磁盘、网卡这些基础的性能指标。对于宿主机的监控，可以采用常规的监控手段。例如，可以在每个宿主机上安装一个代理，通过代理获取服务器的性能指标，同时在采集指标时可以通过时间戳和相应的标签实现对不同指标的区分，并通过时序数据库实现对数据的存储。这些数据可以通过一些可视化工具进行展示，从而实现对基础设施的实时监控。另外还可以通过对资源的监控和告警，及时发现资源瓶颈，从而进行扩容操作以避免影响服务，同时针对资源的异常变化也能辅助定位服务问题，比如内存泄漏会导致内存异常。

（2）服务指标监控

服务指标监控主要面向于系统中的服务在工作中所产生的各种指标，如服务请求次数、服务响应时间等。通过这些指标可以清晰地获得服务的工作状态和健康程度，当指标发生变化时，如请求量快速增加，运维人员可以通过服务指标监控及时地发现这一问题，从而可以通过创建副本和负载均衡等手段确保服务的正常运行。除此之外，当服务发生故障时，相应的服务指标也会随之而发生异常，因此可以通过一些智能算法，及时地检测服务指标的异常，结合异常告警手段实现对服务故障的及时预警。

在服务指标监控领域，目前应用比较成熟的工具是 Prometheus[118]，Prometheus 是一个开源的服务监控系统，具有以下特点：

1）提供多维度数据模型，时间序列数据通过指标名称和键值对来区分，所有的指标都可以设置任意的多维度标签。

2）提供 PromQL，这是一种可以对多维数据进行复杂查询的灵活查询语言。

3）不依赖分布式存储，单个服务器节点是自主的。

4）通过基于 HTTP 的 Pull 方式采集时序数据。

5）通过 Push Gateway 方式把时间序列数据推送至 Prometheus 服务器端。

6）支持通过服务发现组件或通过静态配置获取监控目标。

7）支持多种多样的图表和界面展示，比如 Grafana 等。

Prometheus 的架构如图 7-3 所示。

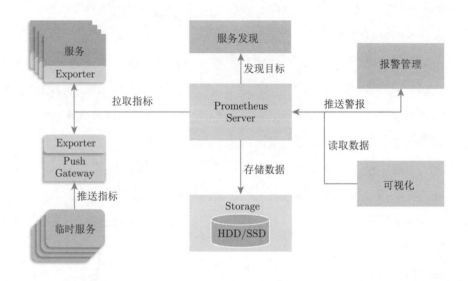

图 7-3　Prometheus 架构图

它通过在微服务集群的节点上部署 Exporter 来实现数据采集监控，并以时序数据库的形式对数据进行存储。例如，需要采集微服务集群上所有容器的性能指标时，Prometheus可以通过直接配置多个 Endpoint 来监控整个集群。Prometheus 可以设置告警规则，通过周期性 PromQL 进行计算，当满足条件时就会触发告警。另外 Prometheus 可以结合Grafana 等工具实现指标的可视化监控。

Prometheus 在记录纯数字时间序列方面表现非常好。它既适用于面向服务器等硬件指标的监控，也适用于高动态的面向服务架构的监控。对于现在流行的微服务，Prometheus的多维度数据收集和数据筛选查询语言也非常强大。Prometheus 是为服务的可靠性而设计的，当服务出现故障时，它可以使你快速定位和诊断问题。它的搭建过程对硬件和服务没有很强的依赖关系。Prometheus 的优点在于可靠性，甚至在很恶劣的环境下，你也可以随时访问它和查看各种系统服务指标的统计信息。

除了提供监控功能之外，Prometheus 还提供本地存储，即 TSDB 时序数据库。本地存储的优势就是运维简单，缺点就是无法持久化海量的指标和存在丢失数据的风险。Prometheus

2.0 之后版本的数据压缩能力得到了很大的提升。为了解决单节点存储的限制，Prometheus 没有自己实现集群存储，而是提供了远程读写的接口，让用户自己选择合适的时序数据库来实现 Prometheus 的扩展性。

Prometheus 通过下面两种方式来实现与其他远端存储系统的对接：Prometheus 按照标准的格式将指标写到远端存储；Prometheus 按照标准格式从远端的 URL 读取指标。

选取支持 Prometheus 远程读写的方案需要具备以下几点：满足数据的安全性，需要支持容错、备份；写入性能要好，支持分片；技术方案不复杂；用于后期分析的时候，查询语法友好；支持 Grafana 读取；需要同时支持读写。基于以上几点，Clickhouse 满足我们的使用场景。Clickhouse 是一个高性能的列式数据库，因为侧重于分析，所以支持丰富的分析函数。

3. API 监控

API 监控主要涉及 API 流量、API 的访问量等指标以及 API 的响应状态码，微服务对外暴露的 API 都是经过服务网关来访问的，因此可以在网关上对这些 API 进行分析与监控，当某些指标达到阈值时我们就可以报警。目前也有很多开源的产品可以使用，例如 Kong，它是一个云原生的、快速的、可扩展的、分布式微服务抽象层框架，采用插件机制进行功能定制，并已经具备了安全、限流、日志、认证、数据映射等基础插件能力。

4. 服务指标收集

服务指标收集是对在微服务平台中运行的服务的各项指标以及服务之间的调用关系进行收集和存储，提供对服务指标和服务调用关系进行可视化监控的数据源，便于进行服务指标和服务调用关系的分析。同时为服务异常检测模块和服务故障定位模块提供数据源接口，便于其实现对系统异常的快速检测和对导致异常产生的根本原因的快速分析。可以通过静态配置管理监控目标，也可以配合使用 Service Discovery 方式动态管理监控目标。数据包含很多指标和序列，其中指标是数字测量结果（如 CPU、GPU 使用率等），序列意味着随着时间的推移记录变化。用户想要测量的内容因微服务程序而异。数据收集主要专注于三大块指标：容器基础资源指标、资源指标和服务组件指标。对于 Web 服务器，指标可能是请求次数；对于数据库，指标可能是活动。

目前来说，由于对不同层级的指标收集需要安装不同的客户端，微服务运行时需要使用一个工具进行统一收集，并经历一系列数据校验、抽取、适配、调度到不同后端的过程。

首先需要一个网络代理，它可以部署在每个主机上，能够监听异构语言微服务之间服务的进出流量，从而可以屏蔽语言的差异性。其次是需要一个工具能够通过配置策略对不同类型的数据进行校验、数据格式转换以及匹配，并分发给不同的后端，Istio 中的 Mixer 模块能够满足该需求。Mixer 模块提供微服务程序代码和基础设施后端之间的通用中间层，将策略决策从微服务程序层转移到配置中，并与中间层进行相当简单的集成，而中间层负责提供与后端系统进行交互的接口，如图 7-4 所示。

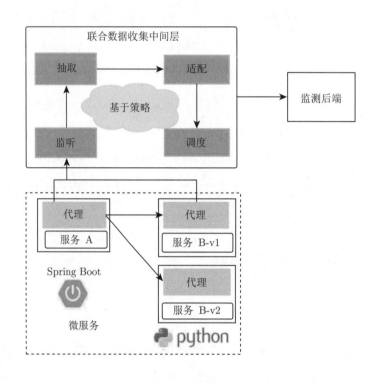

图 7-4　联合数据收集中间层架构

将不同的数据调度到对应的后端的阶段的原理是中间件将为每个请求执行一组规则，规则包含匹配表达式和操作。匹配表达式控制 Mixer 何时执行指定的动作。操作指定要生成的实例集合以及应处理生成的实例的处理程序。

以 Kubernetes 这类容器管理平台为例，Kubernetes 掌握并管理着所有的容器以及服务信息，此时指标收集工具只需要与 Kubernetes 交互就可以找到所有需要监控的容器以及服务对象，并从这些监控目标中获取数据。同时指标收集工具包含一个时序数据库，能够将采集到的监控数据按照时间序列的方式存储在本地磁盘当中，实现数据的存储功能。

以 Prometheus 为例，它通过为每个 Service 配置一个 Exporter，实现将监控数据采集的端点通过 HTTP 服务的形式暴露给指标收集模块，Exporter 的一个实例称为 Target，指标收集模块通过轮询的方式定时从这些 Target 中获取监控数据样本，并且存储在数据库当中。Exporter 返回的样本数据主要由三个部分组成：样本的一般注释信息（HELP）、样本的类型注释信息（TYPE）和样本，指标收集模块会对 Exporter 响应的内容逐行解析，从而得到指标名称、指标类型等相关信息。

数据采集基于 Pull 模型进行设计，因此在网络环境的配置上必须让指标收集模块能够与 Exporter 直接通信。但某些情况下这种网络需求无法直接满足，因此 Prometheus 加入 Push Gateway 来进行中转。通过 Push Gateway 将内部网络的监控数据主动推送到网关当中。而指标收集模块则可以采用 Pull 方式从 Push Gateway 中获取监控数据。

7.2.2　分布式追踪监测

分布式追踪也称为分布式请求追踪，是一种用于分析和监视应用程序的方法，特别是那些使用微服务体系结构构建的应用程序，IT 和 DevOps 团队可以使用分布式追踪来监视应用程序，谷歌在 2010 年 4 月发表的一篇论文[119] 介绍了分布式追踪的概念，并描述了分布式追踪的一些使用案例，包括异常检测、诊断稳态问题、分布式分析、资源属性和微服务的工作负载建模。分布式追踪可以协助运维人员寻找故障发生的位置或者导致服务性能低下的原因，运维人员可以使用分布式跟踪来获取服务的调用关系，从而帮助实现故障根因的快速定位。基于谷歌所提出的概念，OpenTracing 定义了一个开放的分布式追踪的标准，它通过提供平台无关、厂商无关的 API，帮助开发人员方便地添加（或更换）追踪系统。

对于服务中产生的一些指标数据，需要采用采样追踪方法进行统计，它们可能会支持不同的数据格式，需要将其转化为适配的数据格式。在采样方式方面，Zipkin 和 Jaeger 都基于 Dapper 论文中的采样模式，在客户端和服务器端都可设置采样，并且可根据场景调节采样方式。Jaeger 提供了更加丰富的采样方式。在数据格式方面，目前 Zipkin 和 Jaeger 这两种分布式追踪工具的后端收集格式已经做到了互相兼容，可考虑支持更多的分布式追踪后端工具。

这些数据可以在多种数据库存储。Zipkin 支持 Cassandra、MySQL 等数据库，Jaeger 支持两种流行的开源 NoSQL 数据库作为跟踪存储后端：Cassandra 3.4+ 和 Elasticsearch

5.x / 6.x。未来也将支持更多数据库，如 ScyllaDB、InfluxDB 和 Amazon DynamoDB。

在追踪过程和服务依赖关系展示方面需要基于需求做到可定制，Zipkin 和 Jaeger 都提供简单的 JSON API 来获取数据，给 Web UI 使用。Web 界面显示每个微服务程序有多少跟踪请求，还提供了一个依赖关系图，可发现延迟或错误问题，可以根据微服务程序、跟踪长度、注释或时间戳对所有跟踪进行过滤或排序。图 7-5 为 Zipkin 结构图。

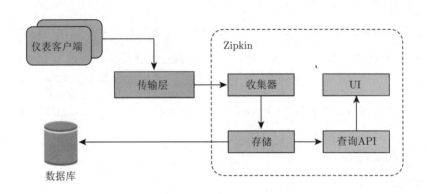

图 7-5　Zipkin 结构图

在微服务场景下，一个业务流程可能横跨多个服务场景，涉及多个服务之间的互相调用，当出现问题时，只依靠传统的监控数据，很难定位到问题的根源。因此我们需要监控服务间的调用关系，获取服务间的调用拓扑，并监控服务的响应时间，才能有针对性地优化性能或者提前预判故障，我们可以通过分布式追踪获取上述信息。分布式追踪的主要工作就是将请求链路的完整行为记录下来，以便可以通过可视化的形式实现链路查询、性能分析、依赖关系获取、拓扑图生成等分布式链路追踪的相关功能。如图 7-6 所示。

在图 7-6 中假设微服务系统中的一次客户请求总共调用了三个微服务，对应图中的微服务 B、C 和 D，其调用关系分别是 A → B → C 和 A → B → D，其中服务 B 调用了 C 和 D 两个服务，而 C、D 服务还分别与 MySQL 和 Redis 这样的数据库服务产生了调用关系。因此分布式追踪所做的事情就是详细记录 A → B → C(C → MySQL) → D(D → Redis) 这条完整链路上的详细调用信息，如接口 ID、接口响应结果、耗时等。

如图 7-7 所示，分布式追踪所监控的对象就是一次次调用所产生的调用链路，图中 1 和 10 所示的就是一条完整的链路（Trace），系统会通过唯一的标识（TraceId）对此进行记录。而链路中的每一个依赖调用都会生成一个调用踪迹信息（Span），最开始生成的 Span 叫做根 Span（Root Span），后续生成的 Span 都会将前一个 Span 的标示（sid）作为自身 Span 信息的父 ID（pid）。

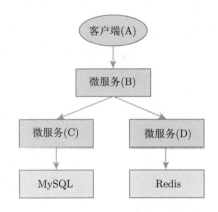

图 7-6　简单的服务调用示例

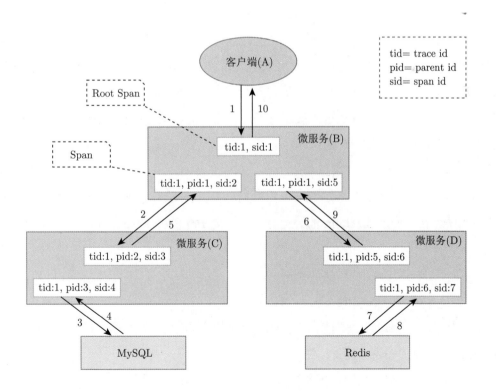

图 7-7　调用链路

以此类推，Span 信息就会随着链路的执行在进程内或跨进程进行上下文传递，通过 Span 数据链就能将一次次链路调用所产生的踪迹信息串联起来，而每一个 Span 之上附着的日志信息（Annotation）就是我们进行调用链监控分析的数据来源。这就是分布式追踪的基本工作流程。值得注意的是，对于常规的分布式追踪系统而言，监控完整的系统链路将会耗费大量系统资源，因此为了提高监控系统性能，通常通过采样的方式对系统进行监控，因为在大多数情况下，系统中存在大量重复的链路信息，对于监控而言，更需要关注调用频率较高、调用耗时较高或者容易出现错误的链路。

7.2.3 监控数据可视化

监控数据可视化是将收集到的度量值如 CPU、内存、磁盘 I/O、网络 I/O 等以更加鲜明生动的方式进行展示，比如通过设置规则或者运用一些内置函数将数据可视化，或通过图、表等多种可视化形式展现出来。它提供了 Alerting 和发送消息提醒的功能，可以通过设置 Alerting 规则和提醒接收的方式来进行相关配置。

数据展示须支持多种不同的数据源，能够对每种数据源提供不同的查询方法，而且能很好地支持每种数据源的特性。其次，可以通过编写语句来控制面板以展示不同的图表，如折线图、表格、状态图、列表等；能够进行多维度的展示，从微服务到服务到 Pod 的相关度量皆可以进行展示，并且对这些值还可以进行简单的基础运算和组合，从而形成基于阈值的由配置驱动的数据展示功能。

展示功能可由 Grafana 实现，Grafana 是一款开源的监控数据可视化工具，可以做数据监控和数据统计，可以自动查询采集的监控数据并可视化展示，支持 Prometheus、JMeter 等监控系统。目前使用 Grafana 的公司有很多，如 PayPal、Ebay、Intel 等。Grafana 主要有以下特点：

1）监控图表：支持丰富的监控图表，官方提供了折线图、柱状图、饼图等监控图表。

2）支持多种数据源：Prometheus、JMeter 等。

3）混合展示：在同一个监控图表中使用不同的数据源。

4）注释：监控图表中支持标注事件信息等注释。

5）数据过滤：支持编辑数据过滤规则，去掉格式错误的数据。

Grafana 可视化监控界面如图 7-8 所示。

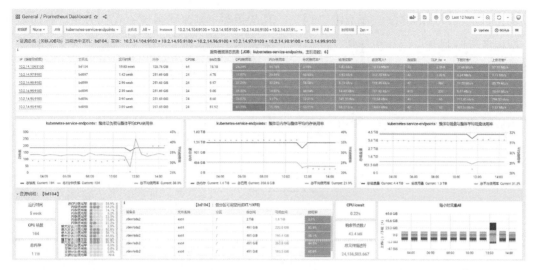

图 7-8　Grafana 界面

7.3　智能微服务故障检测和报警

运维系统中最常见的两大监控数据源是指标和文本。前者通常是时序数据，包含采集指标的时间戳和对应的指标值；后者则通常是半结构化文本，如程序日志、分布式追踪日志等。随着微服务系统规模的急速增大、系统复杂度的快速提高、监控覆盖程度的完善，监控数据量急剧增大，运维人员无法从海量的监控数据中准确发现故障信息。智能化的故障检测就是通过多种智能算法，自动、实时、准确地从监控数据中发现异常信息，为后续的诊断、自愈提供基础。故障检测的常见任务包括对指标和日志的异常检测。除了实现故障检测，对于故障服务的及时报警也是智能运维的关键一环。微服务平台中存在数量众多的服务，每个服务往往会配置多个监控指标，当整个微服务项目出现故障时，由于服务之间存在关联，通常是多个服务的多个指标同时发生异常报警，开发人员往往很难发现不同的异常报警之间的关联，这对开发人员进行故障排除造成困难。

7.3.1　异常检测和告警

1. 异常检测

异常检测包括单指标异常检测和多指标异常检测。其中单指标异常检测的时间序列异常检测是发现问题的核心环节。时间序列中的异常点是指与序列中其他值距离较远的点，或者被认为出现概率非常小的观测值。时间序列异常检测算法就是对时间序列数据进行分析，发现并识别异常点的算法。在运维过程中，有些指标单独来看可能不存在异常，但综合多个指标考虑时则有可能存在异常，同样的有些表现出异常的单指标有可能综合来看则又是正常的，因此对于 AIOps 而言，多指标异常检测也是不可或缺的。

目前在异常检测领域常用的异常检测算法大体可以分为以下三类：基于统计的算法、基于相似度的算法和基于机器学习的算法。如图 7-9 所示。

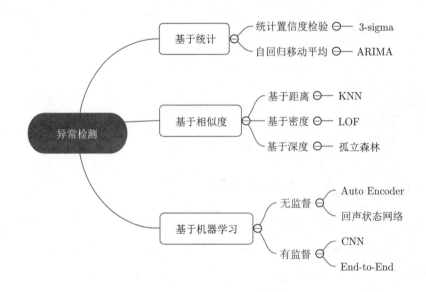

图 7-9 异常检测方法分类

基于统计的算法假设数据服从高斯分布，通过基于统计置信度检验和自回归移动平均等方法，来实现异常情况的统计分析。统计置信度检验方法通过对数据进行置信度检验，认为分布在特定置信区间内的数据为正常数据，分布在区间外的数据则为异常数据，常见的算法为 3-sigma 算法。自回归移动平均方法通常用于平稳序列或可转化为平稳序列的数据，通过分析序列数据之间的相关性，生成序列的拟合模型，根据拟合模型对序列进行预测，再通过对比预测数据与实际数据，从而实现异常检测。

基于相似度的算法的核心思想是对时间序列中的点进行相似度计算，然后找到数据中的异常点。常用的相似度指标包括距离、密度、深度等。基于距离的异常检测算法假设正常点的周围存在很多个近邻点，而异常点距离周围点的距离都比较远，通过计算每个点与周围点的距离，从而判断一个点是否为异常点，常见算法有 KNN、KMeans 等。基于密度的异常检测方法与基于距离的方法类似，对于所要检测的数据点，计算该点及其临近点的周围密度，基于这两个密度值计算出相对密度，作为异常分数。如果相对密度越大，则认为该点的异常程度越高。此种方法认为正常点与其近邻点的密度是相近的，而异常点和周围的点的密度存在较大差异，常见算法是局部离群因子检测方法。基于深度的异常检测算法认为在点空间中，那些位于中心且分布比较集中的点是正常点，而位于外层且分布稀疏的点是异常点，此方法将点空间中的数据从边缘开始按照一定的间隔划分为不同层的封闭区间，并从最外层开始，根据实际需求确定层数，认为处于该层之外的数据点为异常点，常见算法是孤立森林算法。

基于机器学习的算法主要包括有监督和无监督两类算法，有监督算法通过对异常数据进行标注，模型通过学习正常点和异常点的特征，从而实现对正常数据和异常数据的区分，但这种算法需要耗费大量的数据标注时间，成本较高，因而使用相对较少。与之相比，无监督算法则应用得更加广泛。无监督算法通过训练对正常数据进行建模，通过真实数据与重构数据之间的误差来检测异常数据。常见的无监督算法有自编码器（Auto Encoder）类、回声状态网络（Echo State Network）等，常见的有监督算法包括特征工程和端到端的深度学习方法，以及前馈神经网络、卷积神经网络等常见算法。

2. 日志异常检测

日志文件是在特定条件下触发生成，并遵循一定规则的半结构化文本，由时间戳和文本消息组成，实时记录了业务的运行状态。通过收集并分析日志，可以发现或预知系统中已发生或潜在的故障。传统的日志检测有两种方式：

1）根据日志级别（如 Info、Warning、Critical）报警，但由于这种方法设定不准确，且不满足实际需求，导致准确性较差。

2）通过设置规则，匹配日志中的特定字符串进行报警，但该方法依赖于人工经验，只能检测已知和确定模式的异常。智能运维可以通过自然语言处理、聚类、频繁模式挖掘等手段，自动识别日志出现的反常模式；并结合人工反馈和标注，不断进行优化和完善。

现有的日志异常检测可以分为基于日志消息计数器的方法和基于深度学习的方法，前者通过主成分分析、不变量挖掘和日志分类等方法实现对异常的检测，后者主要通过从日志序列中学习序列模式来实现对日志异常的检测。目前，基于深度学习和日志序列的日志异常检测已经成为研究热点，由于日志数据普遍为非结构化或半结构化的数据，因此直接处理日志数据往往是非常困难的。常规的方法是先对日志进行解析，通过解析获取日志的模板即日志"摘要"，然后再对日志模板进行异常检测。根据 Pinjia He 等人提出的 Drain 方法[120]，对于模板长度相同的日志，其具有相似的业务含义，因此模板的长度是提取模板的一个重要依据。除此之外，日志中的一些关键词也能够代表特定的业务含义，因此进行日志解析时，首先将日志中的变量，例如发送和接收的字节数、发送的请求次数等数字变量转化为统一的替代字符，然后根据长度对日志进行区分，接下来再根据日志中的关键词进行进一步区分，最终得到日志模板，并对每个模板分配一个特定的 ID，以便进行检索的匹配。目前常见的算法主要包括以下几种：

1）DeepLog。DeepLog 是 Min Du 等人在 2017 年提出的日志异常检测方法[121]，其主要包括两个部分：模板序列异常检测模型和参数值异常检测模型。前者主要通过判断测试日志的工作流与正常日志所对应的工作流是否一致来实现异常检测，模型会学习正常日志所生成的工作流，然后根据学习到的正常日志对待测数据进行检测，这种方法由于是对模板采用 one-hot 向量编码，因此无法学习到不同模板之间语义的相似性。参数值异常检测模型则是通过为每一个日志模板构建一个模型，并通过模型推理日志对应的参数值，并将推理的参数值与实际的参数值进行对比，如果推理出的参数值在一定的范围之内则认为正常，否则为异常。这种方法的缺点在于需要构建大量的模型，工作量较大。

2）Template2Vec。由于 DeepLog 存在一定的缺陷，Weibin Meng 等人设计了 Template2Vec 向量编码[122]，用以替代最初 DeepLog 中的模板索引或 one-hot 编码，从而使其能够学习模板的业务含义或语义。因此对于一个新出现的模板，可以将其转化为一个与之最接近的已有模板，从而减少模板的数目。为了更准确地生成模板向量，Template2Vec 结合了运维人员的专业领域知识和自然语言处理中的 dLCE 模型[123]，通过 Template2Vec 将模板序列转换为语义向量序列，之后则可以继续使用 DeepLog 进行检测。

3）Log2Vec。Template2Vec 存在一个较大的缺陷，该方法无法在运行态或推理态处理在日志中但在词汇表外的新词汇，为了解决这一问题，Weibin Meng 等人又提出了 Log2Vec 方法[124]，Log2Vec 由两个部分组成：日志专用词嵌入（Log-Specific Word Embedding，LSWE）和新词处理器（OOV word processor）。其中，日志专用词嵌入是在 Template2Vec 的基础上增加了关联信息，具体的实现方法是，首先对通用的关联信息采用 Dependence Trees 方法[125]进行语义向量转化，然后对领域内的关联信息引入专家经验来识别处理。新词处理器则采用 MIMICK[126] 来处理运行中出现的在日志中但在词汇表外的单词，具体流程是：首先，在已有的词汇数据集上训练出可用的 MIMICK 模型，然后使用该模型将新单词转换为一个唯一的向量。

3. 异常告警

当检测到系统故障时，需要及时通知运维人员进行处理，因此异常告警也是运维的重要部分。在微服务平台中存在数量众多的服务，每个服务往往会配置多个监控指标，当整个微服务项目出现故障时，由于服务之间存在关联，通常是多个服务的多个指标同时发生异常报警，运维人员往往很难发现不同的异常报警之间的关联，对运维人员进行故障排除造成困难。另外，在目前工业界主流的微服务监控和报警平台中，运维人员仅能够对单个指标配置异常报警，无法配置涉及多个指标的复合报警，同时在配置报警时仅能够配置简单的指标阈值，无法对指标进行运算，限制了配置报警的灵活性。因此在微服务监控中，除了对单个服务指标配置报警之外，往往需要对多个指标配置复合报警。例如：已知订单完成量和订单成功量两个指标，需要对订单成功率配置报警，当订单成功率低于 0.8 时，将触发报警。在此场景下，因为订单成功率是由订单成功量和订单完成量计算得到的数值，而不是一个指标，无法直接对订单成功率配置报警。针对这一问题，则需要根据实际问题配置相应的复合报警。例如可以通过采用基于表达式引擎的方法实现复合报警，从而简化复杂的报警配置，同时提高配置报警的灵活性。

7.3.2　指标关联性建模

在很多情况下，仅依靠指标自身难以准确预测，需要引入其他相关指标来帮助预测。在传统的多指标预测中，相关指标是已知的或者数量很少，比较容易获得。但是在微服务架构下，服务指标有很多且指标的关系是不断变化的，因此需要使用新的方法在海量的指标中快速准确地发现相关的指标。

1. 基于 Granger 因果关系检验的服务指标因果关系发现模型

Granger 因果关系检验最初是计量经济学中用于推断要素之间相关影响关系的重要方法，是由诺贝尔经济学奖获得者克莱夫·格兰杰提出的。目前该方法已在多个领域中有广泛应用，在时间序列问题中，此方法主要用于衡量时间序列之间相互影响关系。

2. 基于 Granger 因果关系检验进行指标因果关系发现的具体流程

首先进行数据预处理，对收集到的指标进行平稳性检验，不平稳的序列需要进行差分处理。然后对指标数据进行 Granger 因果关系检验，发掘指标之间的因果关系。Granger 因果关系检验的基本原理是，若采用时间序列 X 和 Y 的历史信息对 Y 进行预测，优于仅采用时间序列 Y 的历史信息对 Y 进行预测的结果，那么时间序列 X 是时间序列 Y 的 Granger 原因。

Granger 因果关系检验的模型如式 (7.1) 所示。

$$
\begin{aligned}
Y_{t+1} &= \sum_{j=0}^{m-1} \alpha_j Y_{t-j} + \varepsilon_{Y,t+1} \\
Y_{t+1} &= \sum_{j=0}^{m-1} a_j X_{t-j} + \sum_{j=0}^{m-1} b_j Y_{t-j} + \varepsilon_{Y|X,t+1}
\end{aligned}
\tag{7.1}
$$

其中，X_t、Y_t 是时间序列 X、Y 在 t 时刻的值，α_j、a_j、b_j 是模型的参数，m 是模型的滞后期，即要用 Y_{t+1} 的前 m 个值来计算因果关系，ε_Y 和 $\varepsilon_{Y|X}$ 是模型的残差。使用该公式进行回归计算，根据回归结果比较 ε_Y 和 $\varepsilon_{Y|X}$ 的方差大小，从而判断 $X \to Y$ 是否存在 Granger 因果关系。Granger 因果关系系数 (GCI) 的定义如式 (7.2) 所示。

$$
\mathrm{GCI}_{X \to Y} = \ln \frac{\mathrm{var}\,(\varepsilon_Y)}{\mathrm{var}\,(\varepsilon_{Y|X})}
\tag{7.2}
$$

当 $\mathrm{var}\,(\varepsilon_{Y|X}) < \mathrm{var}\,(\varepsilon_Y)$ 时，即 $\mathrm{GCI}_{X \to Y} > 0$，此时说明 $X \to Y$ 存在 Granger 因果关系。由于对较长的时间序列进行 Granger 因果关系检验会存在误判的问题，而微服务场景中指标序列较长，指标之间往往局部存在因果关系，整体因果关系不强。本小节对 Granger 因果关系检验进行改进，分段增量计算因果关系。

如图 7-10 所示，对两个时间序列 x_1 和 x_2 进行因果关系检验时，首先对 x_1 和 x_2 进行分段，然后对两个序列的对应分段进行 Granger 因果关系检验，对 $x_1 \to x_2$ 具有因果关系的分段数量进行统计，认为具有因果关系的分段数量越多，因果关系越强。

在实际应用中，当时间序列有新的值加入时，这种方法只需要计算增量的因果关系，无须重新计算历史数据，从而减少了计算量。所有指标之间的因果关系计算完毕后，将因果关系保存到因果关系图中，供指标预测模型使用，同时，指标之间的因果关系信息也可应用于服务调用关系构建，服务于根因定位。

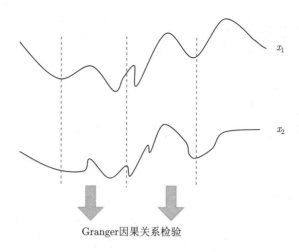

图 7-10 分段进行 Granger 因果关系检验示意图

7.3.3 度量值分析与预测

基于指标时间序列预测的异常检测是对服务进行智能诊断的重要方法，同时，准确预测指标的未来值对服务资源的分配和扩缩容具有重要意义。

1. 基于自回归和移动平均的时间序列模型

ARIMA 模型（Autoregressive Integrated Moving Average model，差分整合移动平均自回归模型）[127] 又称整合移动平均自回归模型，是常用的时间序列预测分析方法之一。ARIMA 模型是在平稳的时间序列基础上建立起来的，因此时间序列的平稳性是建模的重要前提。检验时间序列模型是否平稳一般采用 ADF 单位根检验模型。如果所要预测的时间序列是非平稳时间序列，也可以通过一些操作使其变为平稳序列（比如取对数、差分），然后对该序列进行 ARIMA 模型预测，得到稳定的时间序列的预测结果，再进一步对预测结果进行之前序列平稳化操作的逆操作（取指数、差分的逆操作），就可以得到原始数据的预测结果。在 ARIMA(p, d, q) 中，AR 是"自回归"，p 为自回归项数；MA 为"移动平均"，q 为移动平均项数，d 为使之成为平稳序列所做的差分次数（阶数）。

AR 模型（Autoregressive model, 自回归模型）是一种时间序列处理方法[128]。该模型使用的时间序列 x 在 t 时刻的值 x_t 与其前 $t-1$ 个时刻的值 $x_1, \cdots, x_{t-1}$ 存在线性关系，由于是用时间序列本身来预测，因此叫做"自回归"。AR 模型如式 (7.3) 所示。

$$X_t = c + \sum_{i=1}^{p} \varphi_i X_{t-i} + \varepsilon_t \tag{7.3}$$

其中，ε_t 是随机误差值，c 是常数。

MA 模型（Moving average model，移动平均模型）是另一种时间序列处理方法[129]。该模型使用移动平均的方法对时间序列进行预测，具体公式如下。

$$x_t = \mu + \varepsilon_t - \theta_1 \varepsilon_{t-1} - \theta_2 \varepsilon_{t-2} - \cdots - \theta_q \varepsilon_{t-q} \tag{7.4}$$

其中，ε_t 是白噪声，θ_q 是参数，μ 是时间序列 x 的均值。

ARMA 模型（Autoregressive moving average model，自回归移动平均模型）是一种基于自回归和移动平均的时间序列处理方法[130]。该模型如式 (7.5) 所示，模型中包含 p 个自回归项和 q 个移动平均项，记为 ARMA(p, q)。

$$x_t = c + \varepsilon_t + \sum_{i=1}^{p} \varphi_i x_{t-i} + \sum_{j=1}^{q} \theta_j \varepsilon_{t-j} \tag{7.5}$$

其中，c 是常数，ε_t 是白噪声，φ_i 和 θ_j 是参数。

ARIMA 模型是目前时间序列分析中较为通用的模型，该模型通过差分运算，将时间序列数据的长期趋势和周期等信息提取出来，然后通过自回归和移动平均的方法对时间序列进行分析和预测。ARIMA 模型可以记为 ARIMA(p, d, q)，p 是自回归项的个数，q 是移动平均项的个数，d 是差分次数。ARIMA(p, d, q) 模型如式 (7.6) 所示。

$$\left(1 - \sum_{i=1}^{p} \phi_i L^i\right)(1 - L)^d X_t = \left(1 + \sum_{i=1}^{q} \theta_i L^i\right)\varepsilon_t \tag{7.6}$$

其中，L 是滞后算子。

以上基于自回归和移动平均的时间序列模型的结构简单，可解释性强，只需要内生变量而不需要借助其他外生变量。但是它要求时序数据是稳定的（stationary），或者是通过差分化 (differencing) 后是稳定的，但是 ARIMA 本质上只能捕捉线性关系，针对复杂的非线性时间序列预测，仍存在一定的限制。

2. 基于循环神经网络的时间序列模型

RNN（Recurrent Neural Network，循环神经网络）广泛用于对序列数据进行建模[131]，在自然语言处理等领域取得了巨大的成功。由于 RNN 的层内神经元可以存储历史信息，因此也被广泛应用于时间序列预测。

假设模型的输入序列为 $x_0, x_1, \cdots, x_t$，其中 x_t 表示时序数据在 t 时刻的指标值，RNN 的计算过程如式 (7.7) 所示，模型结构如图 7-11 所示。

$$h_t = f\left(U \cdot x_t + W \cdot h_{t-1} + b\right)$$
$$y_t = \mathrm{softmax}\left(V \cdot h_t\right) \tag{7.7}$$

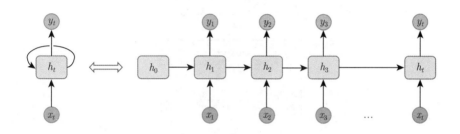

图 7-11　RNN 模型结构

其中 h_t 是隐藏层的值，保存了前 $t-1$ 个时刻的输入特征的记忆特征，f 是非线性激活函数，通常为 $\tanh$，f 是输入层到隐藏层的权重矩阵，W 是隐藏层到输入层的权重矩阵，b 是偏置，V 是从隐藏层到输出层的权重矩阵，y_t 是 t 时刻的输出值，即对 $t+1$ 时刻的值的预测结果。

在 RNN 中，隐藏状态 h_t 会将过去的信息一直传递下去，但是当时间序列较长时，RNN 的隐藏状态会随时间衰减。同时在对 RNN 模型进行训练的过程中，通过反向传播，梯度不仅要传播到当前时刻的隐藏状态，还要传播给之前时刻，在传递过程中容易造成梯度消失。LSTM 和 GRU 等模型解决了 RNN 模型的梯度消失问题，在时间序列预测中得到了广泛的应用[132]。

3. 基于 Attention LSTM 的指标预测模型

Attention LSTM 是目前准确率较高的时间序列预测模型[133]，LSTM 神经网络能够解决 RNN 训练过程中的梯度消失问题，Attention 模型能够使神经网络有选择地关注输入特征，并将学习到的特征权重保存、赋值给下一个时间步长的输入向量，利用权值矩阵分配注意力，从而突出关键输入特征对预测的影响。

本章提出将单指标 Attention LSTM 时间预测模型扩展为多指标，首先使用 Granger 因果关系检验建模得到的指标因果关系图，而后从中取出与要预测的指标因果关系最强的几个指标，加上要预测的指标本身作为输入。

Attention LSTM 模型的结构如图 7-12所示。具体步骤如下。

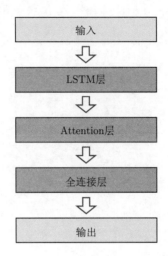

图 7-12　Attention LSTM 模型结构图

首先对输入的指标进行预处理，所有指标归一化到 0~1 之间，收集到的指标会有数据缺失的问题，将指标缺失值设置为前后值的平均值。指标预处理后作为 LSTM 层的输入，LSTM 层的模型公式如式 (7.8) 所示。

$$
\begin{aligned}
f_t &= \sigma\left(W_f x_t + U_f h_{t-1} + b_f\right) \\
i_t &= \sigma\left(W_i x_t + U_i h_{t-1} + b_i\right) \\
o_t &= \sigma\left(W_o x_t + U_o h_{t-1} + b_o\right) \\
c_t &= f_t \odot c_{t-1} + i_t \odot \sigma\left(W_c x_t + U_c h_{t-1} + b_c\right) \\
h_t &= o_t \odot \sigma\left(c_t\right)
\end{aligned}
\tag{7.8}
$$

其中，t 表示时刻，W、U、b 是模型参数，f_t 是遗忘门，i_t 是输入门，o_t 是输出门，c_t 是记忆单元状态值，h_t 是隐藏层输出值，σ 是激活函数，$\odot$ 表示哈达玛积。

LSTM 层的输出作为 Attention 层的输入，Attention 层利用权值矩阵分配注意力，从而突出关键输入特征对预测的影响。Attention 层的模型公式如式 (7.9) 所示。

$$s_{ki} = \boldsymbol{U}_{k-1} \tanh\left(V_1 h_k + V_2 h_i + b\right)$$

$$\alpha_{ki} = \mathrm{softmax}\left(s_{ki}\right) = \frac{\exp\left(s_{ki}\right)}{\displaystyle\sum_j^N \exp\left(s_{ki}\right)}$$

$$C = \sum_i^N \alpha_{ki} h_i \tag{7.9}$$

$$\boldsymbol{U}_k = \tanh\left(C, h_k\right)$$

$$\hat{y}_k = \mathrm{sigmoid}\left(\boldsymbol{U}_k\right)$$

其中，s_{ki} 表示第 i 个序列点对第 k 个序列点的影响，U_{k-1} 是 Attention 隐藏层更新所保存的向量，V_1、V_2、b 是模型参数。α_{ki} 是将各个 s_{ki} 输入 Softmax 层进行归一化得到的概率分布。C 是将各个 α_{ki} 加权求和得到的第 k 个序列点的注意力系数，根据 C 求出 Attention 层的输出值 $\boldsymbol{U}_k$ 并更新隐藏层的保存值。$\boldsymbol{U}_k$ 经过全连接层和 sigmoid 激活函数后输出预测值 $\hat{y}_k$，最后将 $\hat{y}_k$ 和真实值 y_k 进行比较。由于指标的时间序列存在一定的自相关性，如果 LSTM 直接预测本身，很容易出现模型直接输出上一个时间点的值，而不能真正起到预测效果。为了克服这一问题，我们对输出值进行修改，使得模型预测的不是当前时刻的值，而是当前时刻与上一时刻的差值。

4. 基于 Transformer 的指标预测模型

Transformer 是 Google 于 2017 年提出的序列建模模型[134]，最初主要应用于机器翻译，它放弃采用 RNN 和 CNN，而是基于纯注意力机制，大幅提高了序列建模的有效长度。Transformer 展示了它对时序数据强大的建模能力，因此人们也开始研究其在时序预测领域的可行性，将 Transformer 应用于时序预测可以解决传统方法的一些局限性，例如 RNN 在网络加深时存在的梯度消失和梯度爆炸问题、LSTM 在捕捉长期依赖时的不足问题。其最明显的一个优势是可以基于 Multi-head Attention 结构具备同时建模长期和短期时序特征的能力。

Transformer 的优点大致可以总结如下：

1）其支持并行训练，训练速度更快。在基于 RNN 的模型中每一个隐藏状态都依赖于它前一步的隐藏状态，因此必须从前向后逐个计算，每次只能前进一步。而 Transformer 没有这样的约束，输入的序列将会被同步处理，因此会获得更快的训练速度。

2）其具备良好的长期依赖建模能力，在长序列上效果更好。在前面提到过，基于 RNN 的方法面对长序列时无法完全消除梯度消失和梯度爆炸的问题，而 Transformer 架构则可以解决这个问题。

3）Transformer 可以同时建模长期依赖和短期依赖。Multi-head Attention 中不同的 head 可以关注不同的模式。

4）Transformer 的 AttentionScore 可以提供一定的可解释性。通过可视化 Attention-Score 可以看到当前预测对历史值注意力的分布。

这些优点可以帮助我们提高预测的效率和精度，从而提升异常检测的效率和准确性。基于基础 Transformer 模型，本节将介绍一种将其应用于时序预测的具体实现。

在编码器部分，模型编码器由输入层、位置编码层和四个相同的编码器层的堆栈组成。时间序列数据经过一个全连接网络，在输入层中映射到特定维度的向量。接下来，需要对数据中的顺序信息进行编码，具体方法是通过将有正弦和余弦函数的位置编码向量与输入向量逐元素相加，所得到的向量被馈送到四个编码器层，从而生成与输入相同维度的向量，并送到解码器。

在解码器部分，采用类似于原始 Transformer 架构的解码器设计。同样由输入层、四个相同的解码器层和输出层组成。解码器输入从编码器输入的最后一个数据点开始，解码器的输入在输入层中被映射到维度相同的向量中。相较于编码器的两个子层，解码器还拥有一个第三子层，以在编码器输出上应用自注意机制。最后，通过一个输出层，将最后一个解码器层的输出映射到目标时间序列。为了确保对时序数据点的预测仅取决于先前的数据点，解码器使用了掩蔽的自注意力，通过加入掩蔽和位置偏移，这样网络就不会在训练期间获取未来的值，从而不会导致信息的泄露。

7.4 智能微服务的故障定位

相比于传统的单体应用，微服务项目的服务异常检测和故障排除更加困难，主要原因是：由于微服务架构中服务之间的调用和依赖关系十分复杂，当一个服务出现故障时，往往会造成与之相关的服务同时出现故障，维护人员很难在短时间内定位到发生故障的具体服务，为故障排除带来困难。当出现业务级别的异常时（KPI 指标异常），通过指标异常检测定位到异常的主机/节点并不难，难点在于如何从异常的节点集合中找到引起这次异常的根因节点/根因指标。通常来说，表现在以下几个方面：

1）微服务的异常可能是由多方面的原因造成的：比如网络的抖动、机器的性能故障，有时人为的操作变更也会引起微服务的故障，有效的根因定位通常需要考虑多方面的原因。

2）难以获取固定的服务调用拓扑：不同厂家的微服务设计尚未规范化，且服务调用频繁变化，基于静态的异常定位方法难以解决动态的服务调用情况。

3）当根因节点发生异常时，与其相关的其他节点的服务指标都会随之发生抖动，形成了多节点异常、多节点内的多指标异常，如何精确地从大量的故障点中找到根因节点的根因指标，也是微服务根因定位的一大难点。

目前在根因定位领域已有多种根因定位方案投入使用，但因为系统之间差异性及根因定位的复杂性，尚不存在一套能在所有系统中行之有效的方案。针对不同的业务系统，需要根据系统特性，针对性地采用不同的方法，同时需要根据具体情况进行分析。常见的根因定位场景大体上有以下三类：

1）搜索定位类：这类问题主要涉及多位指标和 KPI 异常，以定位其中的根因维度，也称为指标下钻分析。

2）指标关联类：此类根因分析主要用于多位时间序列数据的分析，通过研究指标之间的关联关系，从而定位根因。

3）调用异常类：该类根因分析一般具有明确的服务调用拓扑关系，旨在捕捉服务链路上的异常，定位异常服务。

针对不同的场景，根因定位的方法不同，即便是针对相同的场景，具体的根因定位方法也会有所差异。目前大型公司使用的方法大致有以下几种：基于调用链的根因定位方案、基于异常范围搜索的 HotSpot 算法、知识图谱方法、基于报警聚类的方法、基于时间序列相关性分析的算法等。

7.4.1　故障定位算法

目前在根因定位领域常见的算法主要有以下几种：

（1）FOCUS 算法

此算法主要用于运维过程中出现搜索响应时间过高时的异常根因定位。具体方法是根据系统的日志数据来进行决策树的训练，根据决策树分析引发响应时间过高的条件，由于有多个数据，因此会产生多棵决策树，接下来从多棵决策树中寻找多次出现的条件，从而认为是造成异常的根因。这种算法适用范围较窄。

（2）HotSpot 算法

此算法基于 Ripple Effect 假设，该假设认为，有相同的根本原因所引起的属性组合的异常之间必然存在一定的联系，因此受同一根本原因影响的属性组合都会以相同的比例变化[135]，因此当一个属性组合与其子节点越满足 Ripple Effect 条件，则该属性组合越有可能是根因。基于这个假设，该算法提出了一个名为 Potential Score 的目标函数，用来量化评估一个节点与其所有子节点之间满足 Ripple Effect 的程度。HotSpot 与其他方法的主要区别是，它显式地考虑了有多个根因同时作用的情况。因此搜索空间直接变成了属性组合数目的幂，这在极大程度上增加了搜索空间，因此其采用蒙特卡罗树来进行启发式搜索，以解决搜索空间过大的问题。这种方法依赖异常检测以及预测，虽然有了对于不同组合的统计，但是如果没有相对应的预测值以及检测方法，就无法确定异常，因此也就不能针对该异常进行根因分析。

（3）Squeeze 算法

此算法在 HotSpot 的基础上提出广义的 Ripple Effect[136]，证明 Ripple Effect 不仅仅适用于基本类型的指标，也适用于派生类型的指标。为了减小算法的搜索空间，Squeeze 算法通过剪枝策略自下而上剪掉正常的叶子结点，然后计算叶子结点的 Deviation Score 来进行聚类。Squeeze 在 HotSpot 的基础上进行了理论的拓展，提高了算法的通用性，但是实际的业务场景可能会对该算法的准确性产生一定的影响。例如，如果同时存在多个异常则会对聚类结果产生影响。

（4）Adtributor 算法

此算法由微软研究院在 2014 年提出[137]，Adtributor 算法假设所有根因都是一维的，并且提出了解释力（explanatory power）和惊奇性（surprise）来量化根因的定义。通过计算维度的惊奇性（维度内所有元素惊奇性之和）对维度进行排序，确定根因所在的维度。在维度内部计算每个元素的解释力，当元素的解释力之和超过阈值时，这些元素就被认为是根因。Adtributor 的主要问题在于其假设的局限性，因为在许多场景下，根因并不都是一维的，因此当故障是由多个因素共同影响时，此算法无法准确检测到所有根因。

除了上述算法之外，近年来越来越多的研究引入知识图谱来做关联规则挖掘与根因定位的工作，下面将主要介绍基于服务调用链的根因定位算法，其主要用于定位调用链中某个服务异常所引起的多个服务异常问题。

7.4.2　基于服务调用链的根因定位

服务调用分析是进行故障根因定位的重要基础，通过进行分布式链路追踪，获取服务的调用链信息（即当一个请求发生时有哪些服务参与，具体的参与顺序是什么），从而实现每个请求步骤清晰可见，以便于进行后续的根因定位。

Kubernetes 微服务平台提供了服务注册和发现功能，使得平台中的服务可以通过 RESTful API 等机制进行服务调用和通信，但是 Kubernetes 并没有对服务间的调用关系进行记录。为了生成服务调用关系图，可以在 Kubernetes 平台中部署 Istio 服务网格，在服务运行的过程中实时记录服务的调用关系数据，生成服务调用关系图。

在后续的故障定位算法中，需要结构化的节点间调用数据，这可以通过对由 Prometheus 采集到的数据进行含有节点特征的调用链图数据构造，具体方法是从 Prometheus 中查询 TCP 数据发送量和 Request 发送量这两项指标，得到 TCP 数据包和 Request 的起点和终点，据此构建服务调用链，再查询每个服务对主机 CPU 的占用率，即可得到服务节点所在的主机节点，据此可以构建包含主机节点的完整服务调用链。

1. 基于随机游走的服务故障根因定位算法

微服务之间的调用关系可以通过服务调用图的形式加以呈现，图中的每个节点代表某个服务，图中的边用以描述服务之间的调用关系。

查找故障根因的一种有效方法是查找与观察到异常服务具有相似的异常模式，即与 KPI 异常更相关的异常指标更有可能是根本原因。因此，如果两个服务在某个度量标准中具有相似的异常模式，就可以猜测这些模式可能是由相同的故障根因引起的。随机游走算法正是基于上述假设[138]，其具体步骤如下。

首先需要基于异常检测模块确定异常值及其发生的时间，并根据这些信息生成异常发生时的服务调用关系图，从而确定异常发生时各服务之间的调用关系。生成关系图 G，其中 V 是节点集，E 是边集。当节点 v_i 是 v_j 的原因之一时，$e_{ij} \in E$ 设置为 1。

接着计算矩阵 Q：

1）从结果节点到原因节点，我们假设与异常节点更相关的节点更可能是根本原因。因此

$Q_{ij} = R(v_{\text{abnormal}}, v_j)$，其中 $R(v_{\text{abnormal}}, v_j)$ 是 v_{abnormal} 和 v_j 之间的相关系数，且 $e_{ij} = 1$。

2）从原因节点到结果节点，为了避免算法陷入与异常节点相关性较低的节点中，随机游走引入了从原因节点到结果节点的这一游走策略。形式上，如果 $e_{ji} \in E$ 且 $e_{ij} \notin E$，则 $Q_{ij} = \rho R(v_{\text{abnormal}}, v_i)$，其中 ρ 是控制步进影响的参数，$\rho \in [0, 1]$。

3）停留在当前节点，如果当前节点的所有邻居节点与异常节点的相关性都较低，则当前节点最有可能是根本原因节点。然后应该留在当前节点，并且 $Q_{ii} = \max[0, R(v_{\text{abnormal}}, v_i) - \max_{k: e_{ki} \in E} R(v_{\text{abnormal}}, v_k)]$。

第三步归一化 $\boldsymbol{Q}$ 的每一行，并获得转移概率矩阵 $\bar{\boldsymbol{Q}}$，定义为：

$$\bar{\boldsymbol{Q}}_{ij} = \frac{Q_{ij}}{\sum\limits_{j} Q_{ij}} \tag{7.10}$$

最后在 G 上进行随机游走，根据过渡矩阵 $\bar{Q}$ 选择下一个遍历的节点，当遍历一定次数后，统计每个服务的访问次数。按照访问次数从大到小对每个服务进行排序，最前面的服务是最有可能的根因。

下面我们将通过一个简单的例子来展示进行根因定位的具体流程：首先，构造一个调用图来表示异常在服务和主机之间的部署和调用关系。接下来，利用异常检测部分提供的异常信息从调用图中提取异常子图。最后利用基于随机游走的 Personalized PageRank 算法定位可能的故障服务。Personalized PageRank 算法是 PageRank 算法的进一步改进，它的目标是要计算所有节点相对于初始节点 u 的影响力。Personalized PageRank 算法从初始节点 u 开始随机游走，每当到达一个节点，都会以 $1 - d$ 的概率停止游走，并回到初始节点 u 重新开始；或者以 d 的概率从当前节点所能到达的节点集合中，按照均匀分布随机地选择一个节点继续往下游走；通过这样的随机选择，在经过多轮游走之后，每个节点被访问到的概率也会收敛。在收敛后，我们就可以利用获得的概率对节点的影响力进行排名。

调用图通过获取异常被检测到之前的某个时间帧的指标数据来进行构造，对于每个服务节点 s_i，我们将向运行它的主机 h 和与它进行通信的所有服务 s_j 添加定向边。

1）通过指标收集部分获取异常被检测到之前的某个时间帧的容器 CPU 占用率监控指标，对该指标数据进行预处理，提取出容器名和主机名，建立服务与主机之间的依赖关系，如图 7-13 所示。

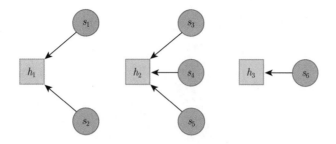

图 7-13　服务与主机的依赖关系图；图中方形表示主机，圆形表示服务，h_i 代表第 i 个主机，s_i 代表第 i 个服务，服务与主机之间的箭头表示此服务部署在箭头所指向的主机上

2）通过指标收集模块获取异常被检测到之前的某个时间帧的服务间通信监控指标，对该指标数据进行预处理，提取出服务间通信请求的发送端和接收端，建立服务之间的依赖关系，如图 7-14 所示。

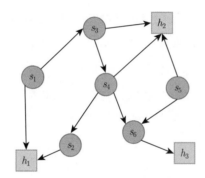

图 7-14　服务间的依赖关系图；图中服务之间的箭头表示其所连接的服务之间存在调用关系

3）在完成属性图的构造之后，将根据异常检测模块所检测到的异常列表，来提取异常子图，并将与异常相关的属性分配给异常子图中的服务节点，如图 7-15 所示。

对于提取出来的异常服务节点，我们将提取每个异常服务节点的异常响应时间，并将该值作为节点属性赋予异常服务节点。对于提取出来的异常子图，我们将通过异常子图加权、服务异常得分计算和故障服务定位三个步骤来定位可能的故障服务。节点对之间的相似性通过利用皮尔逊相关系数来进行计算，作为边的权重。对于变量 X 和 Y，其相关系数定义为：

$$r(X, Y) = \frac{\sum\limits_{i=1}^{n} \left(X_i - \bar{X} \right) \left(Y_i - \bar{Y} \right)}{\sqrt{\sum\limits_{i=1}^{n} \left(X_i - \bar{X} \right)^2} \sqrt{\sum\limits_{i=1}^{n} \left(Y_i - \bar{Y} \right)^2}} \tag{7.11}$$

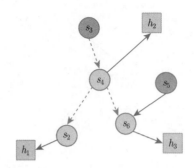

图 7-15   根据服务依赖图生成异常子图；图中的虚线箭头表示所连接的服务之间的调用存在异常

对于异常子图中的任一异常服务节点，我们利用该异常服务节点的平均权重和容器资源利用率来计算异常服务节点的异常得分，并将该分值作为节点的一个属性。异常得分有两个影响因素：该服务相应的容器资源对该服务的影响，以及该服务对相关服务的影响。

根因定位的最后一步是从上述步骤所获得的经过加权的异常子图出发，利用 Personalized PageRank 算法来定位故障服务。

通过计算，我们得到节点作为故障根本原因的概率列表。因为我们的目的是定位故障服务，所以我们将列表中的主机节点排除，然后进行排序，最终得到故障服务的概率排名列表，如图 7-16所示。

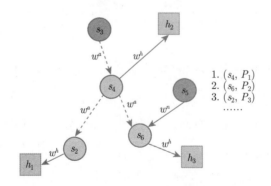

图 7-16   故障根本原因的概率表；图中 w 为通过式 (7.11) 计算得到的边的权重，其中不同的上标代表不同的权重，P 为对应服务为根因服务的概率

2. 基于图神经网络的微服务系统故障定位算法

上述基于随机游走的根因定位算法在系统调用图较为简单的场景下，能够比较有效地获取良好的定位结果。但在微服务数目较多、服务调用较为复杂的场景下，其定位效率和定

位精度都会有较大幅度的下降。因此我们提出了一种基于图神经网络的根因定位算法。首先，利用微服务故障注入工具对当前命名空间下的服务注入各种运维故障，以便采集到各类故障发生时的各项运维数据；然后，根据采集到的运维数据和注入的故障构造当前的故障服务调用链，每一条调用链中包含若干服务节点和若干表示调用关系的边，并注明了故障节点的位置；最后将采集到的调用链数据放入图神经网络进行训练，训练得到的模型即可用于服务故障的根因定位。

可以在集群中提取产生异常的调用链数据，形成如图 7-14 所示的网状图，其中包含 n 个节点，可以用 n 个包含多个节点特征的向量 $\boldsymbol{P}$ 来表示：

$$\boldsymbol{P} = \{p_1, p_2, \cdots, p_n\} \tag{7.12}$$

节点之间是否连通可以用一个 $n \times n$ 的矩阵表示，记为 $\boldsymbol{A}$，$\boldsymbol{A}$ 中的每个元素只能取值 1 或 0，代表连通与不连通：

$$\boldsymbol{A} = \begin{bmatrix} a_{11} & \cdots & a_{1n} \\ \vdots & \ddots & \vdots \\ a_{n1} & \cdots & a_{nn} \end{bmatrix} \tag{7.13}$$

每个节点都有各种维度的指标，如 CPU 占用率、时延等，可以用长度为 m 的向量 $\boldsymbol{K}$ 表示：

$$\boldsymbol{K} = \{k_1, k_2, \cdots, k_m\} \tag{7.14}$$

在异常发生时，我们采样 h 个异常发生时刻周边的时间点，用向量 $\boldsymbol{T}$ 表示：

$$\boldsymbol{T} = \{t_1, t_2, \cdots, t_h\} \tag{7.15}$$

每个节点存储自己异常时间附近的所有指标，可以用 $m \times h$ 的矩阵 $\boldsymbol{L}$ 表示：

$$\boldsymbol{L} = \begin{bmatrix} l_{11} & \cdots & l_{1h} \\ \vdots & \ddots & \vdots \\ l_{m1} & \cdots & l_{mh} \end{bmatrix} \tag{7.16}$$

我们生成一个根因检测的分类器，将 $\boldsymbol{A}$ 矩阵和每个节点的 $\boldsymbol{L}$ 矩阵放入其中，得到与向量 $\boldsymbol{P}$ 长度相等的故障定位结果向量 $\boldsymbol{S}$，每个元素的取值为 0 或 1，0 表示该节点没有发生故障，1 表示该节点发生故障。如图 7-17 所示。

$$\boldsymbol{S} = \{s_1, s_2, \cdots, s_m\} \tag{7.17}$$

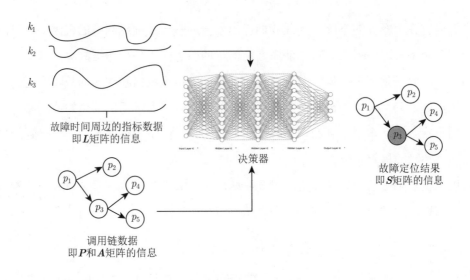

图 7-17　基于图神经网络的故障定位算法输入输出示意图

具体过程如下：

1）针对包含 m 个服务节点的当前样本 $N = \{n_1, \cdots, n_m\}$，将其视为服务节点集合，集合中每个服务节点都有 j 个运维数据作为特征向量，第 i 个服务节点的特征表示为 $A_i = \{a_{i1}, \cdots, a_{ij}\}$，且有结果集 $Y = \{Y_1, \cdots, Y_m\}$，当 $Y_i = 0$ 时，表示该节点不是故障根因节点，当 $Y_i = 1$ 时，表示该节点是故障根因节点，同时服务节点之间可能存在两两调用关系，表示为边集合 $V = \{(s_{s1}, s_{d1}), (s_{s2}, s_{d2}), \cdots, (s_{si}, s_{di})\}$，将服务节点集合和它们的特征以及对应调用链中的边集合输入 GraphSAGE 算法中 [139]，得到结果。如图 7-18 所示。

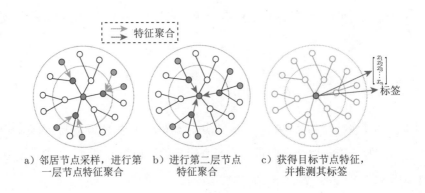

图 7-18　GraphSAGE 算法流程图

具体为：神经网络将每组调用链中的服务节点机器指标数据和调用关系分别进行编码，然后拼接成特征向量和邻接矩阵，对所有服务节点进行 n 阶（n 取决于调用链规模）邻居节点采样，形成新的特征向量，经过全连接层和 softmax 层，进行前向传播，得到结果向量，即 $Y_x = \{Y_{x1}, \cdots, Y_{xm}\}$，表明当前节点是否为故障根因节点。当采样阶数为 K 时，令 k 从 $1 \sim K$ 进行循环，对每个节点的邻居节点采样的具体公式如下：

$$h_v^k \leftarrow \sigma \left(W \cdot \mathrm{MEAN} \left(\{ h_v^{k-1} \} \cup \{ h_u^{k-1}, u \in N(v) \} \right) \right) \tag{7.18}$$

其中，h 表示节点特征，k 表示层数，v 表示当前节点，$N(v)$ 表示节点 v 的邻居节点集合，W 是网络的权值，σ 是非线性函数。

2）由于神经网络的输出结果与实际结果有误差，则计算估计值与实际值之间的误差，并将该误差从输出层向隐藏层反向传播，直至传播到输入层。

3）在反向传播的过程中，根据误差调整神经网络各项参数的值。

根据损失函数判断故障定位模型是否收敛，如果是，则进入下一步，如果不是，则重复上一步骤，继续提高模型准确度。

接下来将训练好的故障定位模型用于当前命名空间下的服务。具体过程如下：

1）当微服务平台检测到某些服务出现异常时，将这些服务对应的调用链数据按照训练样本数据的格式采集，出现故障的调用链包含 l 个服务节点，分别为 $N_{\mathrm{broken}} = \{n_1, \cdots, n_l\}$，将节点特征和边信息输入故障定位模型中。

2）数据经过图神经网络的全连接层和 softmax 层，进行前向传播，得到结果向量，即 $Y_r = \{Y_{r1}, \cdots, Y_{rl}\}$。

图神经网络输出的结果向量结构具体为：

$$Y_r = \begin{pmatrix} y_0 \\ y_1 \end{pmatrix} \tag{7.19}$$

其中 y_0 可以认为是该服务节点不是故障根因节点的概率，y_1 可以认为是该服务节点是故障根因节点的概率。取结果向量 $Y_r = \{Y_{r1}, \cdots, Y_{rl}\}$ 里 y_1 最大的 Y_{ri}，其对应的服务节点最有可能就是故障根因的服务节点。

7.5 智能微服务故障恢复

7.5.1 服务故障处理

在微服务架构下，服务不在进程中调用，而是通过网络互相调用以进行交互，这种方式难免会给需要多个组件进行协作的系统带来各种潜在问题，并增加系统的复杂性。而随着分布式系统本身规模的扩大，这也大大提高了系统中故障发生的可能性。因此从运维角度来看，需要设置一些应对措施，从而对系统中的常见故障和异常进行处理，以预防故障或降低故障影响，从而最大限度地保证系统的可用性。

1. 服务降级

这是微服务架构所具备的优点之一，当系统中的服务或组件出现故障时，可以对这些故障服务进行隔离操作，并且进行服务降级，关闭故障服务的相关功能并维持其余正常服务功能。以一个打车应用为例，当与用户注册相关的服务出现故障时，新用户可能无法进行账户注册，但并不会影响已注册用户的打车服务，他们依然可以正常打车。但在大多数情况下，这种理想的服务降级操作不容易实现，因为服务间的依赖太过复杂，所以当其中某一环出现故障时，可能会对很多服务造成影响。但总的来说，进行服务降级以确保其他服务不受影响地正常运行是保证系统高可用的良好策略。

2. 变更管理

根据 Google 网站可靠性的一项研究，大约 70% 的故障是由于服务变更引起的，当对服务进行修改时，比如新的代码版本或配置更新时，总是有可能引起故障或引入新的错误。

在微服务架构中，为了应对变更所带来的问题，可以采用第 5 章中介绍的变更策略管理并实现自动回滚。比如当在系统中部署更新或修改时，应该将变更内容逐步部署到生产环境当中，并对整个部署过程进行监控，当发现会引起故障时则进行自动回滚，终止更新。除此之外，还可部署两套生产环境，部署只在其中一套环境进行，当新版本符合预期时，再将流向指向新的环境。

3. 健康检查和负载均衡

在微服务系统中，由于故障、服务部署或者自动扩展等原因，可能会导致某些服务实例频繁启动、停止、重启，在这种情况下，服务将暂时或一直停用。因此，对于这种无法为系统或用户提供服务的实例，可以在负载均衡中暂时忽略，直到这些实例正常时再加以恢复。还可以通过健康检查判断实例是否健康，并根据服务的健康状况进行负载均衡路由的设置，从而使其仅指向健康的实例组件。

4. 故障转移缓存

在系统中有一类故障是由网络问题和系统变更造成的，这类故障大多是暂时的，这是因为通过系统的自我修复和高级负载均衡可以处理此类故障。针对这种短暂的故障，需要找到一个解决方案，使得服务在出现此类故障时仍能够正常工作，这种方法被称为故障转移缓存 (Failover Caching)。故障转移缓存可以替代故障服务，为应用提供必需的数据。

在失效缓存中通常存在两个失效日期，其中较短的日期代表在正常情况下能够使用缓存的时长，而较长的日期则用来表明在发生故障时缓存中数据的可用时长。这种方法也存在其局限性，仅在使用过期的数据比没有数据更好时才使用这种方法。

5. 重试逻辑

在某些情况下，我们发送的请求或操作由于某些资源故障而失败了，但是我们预期其所需的资源在特定的时间内能够恢复，或者负载均衡会将对应的请求发送到健康的实例中，在这种情况下，我们可以设置重试逻辑 (Retry Logic)，在一定时间内完成请求和操作的执行。

但需要注意的是，不应该盲目设置重试逻辑，因为过多的重试可能会增加系统负载，从而引起其他更严重的问题。同时，为了尽可能地减少重试带来的影响，除了尽量减少重试的数量之外，还应该使用指数退避算法（exponential backoff algorithm）。这种算法可以不断增减重试之间的延迟时间，从而逐渐减少重试的次数。

6. 限流器和负载开关

限流是指在一段时间内，指定特定应用或客户可以接收或处理的请求数目的技术。简单地说，通过限流，可以过滤掉造成流量峰值的客户和服务，以确保应用在自动扩展失效前都不会出现过载的情况，也可以阻止较低优先级的流量，以便确保核心业务拥有足够的资源。

还有一种称为"并发请求限流器"（Concurrent Request Limiter）的技术，当系统存在一些请求次数比较多的服务或端点，你希望这些端点被调用的次数必须低于特定的次数，但仍想要提供服务时，就可以采用这种限流器。

为了确保核心业务总能够有足够的资源保障，则可以使用负载开关。它能够为优先级较高的请求保留一些资源，并且不允许低优先级事务占用。这种方法不依赖于用户的请求桶（Request Bucket）的大小，而是根据系统的整体状态做出决策。通过这种方式，可以最大限度保证核心功能的正常工作。

7. 舱壁模式

舱壁（Bulkhead）是一种用来分隔船舱的结构件，其主要作用是确保在部分船体破裂进水时，其他部分能够不受影响，从而最大限度地维持船的运行。这一概念在软件开发中主要用来表示资源隔离。通过舱壁模式，可以对有限的资源进行保护，确保其不被用尽。举例来说，假设我们有两种类型的操作，它们都需要与某一个限制连接数的数据库实例进行通信，此时我们可以引入两个连接池来代替共享连接池模式。在这种情况下，当某一个连接池过度使用时，另一个连接池中的操作并不会受到影响，还可以正常执行。

8. 断路器

断路器（Circuit Breaker）是用来替代静态超时机制的一种策略，由于在微服务架构下系统环境是高度动态的，因此无法确定一个合适的时间限制。当系统在短时间内频繁地发生特定类型的错误时，断路器会开始工作，它将拒绝后续的更多请求，通常情况下，为了使底层服务有足够的空间恢复，断路器一定时间后会自行关闭。

需要注意的是，断路器并不适用于所有的错误。另外断路器还存在一种半开状态，在此状态下，服务通过发送一个请求来检查系统是否可用，此时断路器会使其他的请求失败，如果发送的请求成功，断路器将回到关闭状态并接收流量，如果请求失败，则断路器保持开启状态。

除了上述策略之外，还存在快速且单独失效（Fail Fast and Independently）、故障测试（Testing for Failure）等手段帮助我们处理系统异常。在实际操作过程中，我们需要根据自身系统的特性，选择合适的方法，并制定合理的策略来应对系统中的故障并确保系统最大程度地正常运行。

7.5.2 服务故障调试

微服务项目中往往包含多个互相依赖的服务，而这些服务大多只能在微服务平台内部才能访问，本地运行的程序无法直接连接到 Kubernetes 微服务平台中的其他服务，对服务的调试和修改造成了困难。

　　本小节介绍了一种故障调试方法，此方法会提供将本地运行的程序或容器连接到 Kubernetes 微服务平台中其他服务的能力。具体的原理是在微服务平台内加入一个代理容器，本地运行的程序将访问请求发送到代理容器，代理容器将该请求转发到目标服务，并将目标服务返回的请求数据重新转发给本地运行的程序。代理容器转发请求的功能基于 Kubernetes 的命令行程序 kubectl 提供的转发功能实现，这样本地运行的服务既能充分利用 IDE 提供的强大调试功能，又可以访问微服务平台中运行的服务。

　　故障调试的原理如图 7-19 所示。

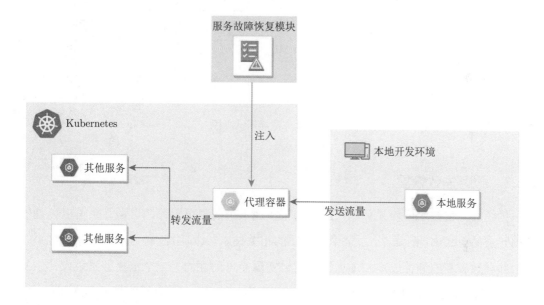

图 7-19　故障调试原理示意图

　　故障调试的具体实现流程如图 7-20 所示，在用户指定要进行调试的故障服务后，故障调试工具暂停在 Kubernetes 微服务平台中运行的故障服务，同时在本地运行与故障服务相同的服务。在微服务平台中运行一个代理容器，它连接本地运行的故障服务和平台中的其他服务，使本地运行的服务得到访问其他服务的能力。用户使用 IDE 对本地运行的故障服务进行调试和修复，当故障调试完成后，故障调试工具自动销毁代理容器，恢复微服务平台中的原有故障服务。

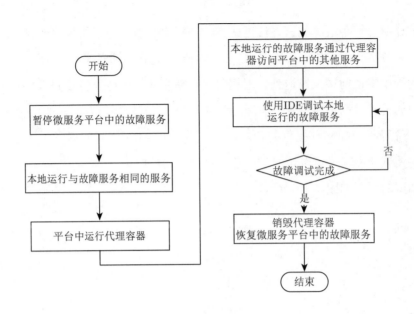

图 7-20　故障调试流程

7.5.3　服务失效恢复

传统的容错技术依赖某种形式的冗余来实现系统的高可用性，这种冗余可以以功能或数据冗余的形式出现，如 7.5.1 节中所介绍的相关技术。然而，这种方法通常会牺牲系统性能，并导致较高的硬件成本和增加复杂性。实现高可用性的另一个重要方法是设计恢复方案，对系统中的故障及时进行自动恢复。恢复方案可与 7.5.1 节介绍的技术形成互补，以共同维护系统的高可用性。服务故障恢复是服务适配保障管理的最后一个环节，当检测到异常并确定了导致异常的根本原因后，就需要进行调试和恢复，将系统恢复到正常或可用状态。整体来说微服务故障恢复有两个方向：一是采用不同的具体恢复方法；二是根据异常的不同类型自动选择最高效的恢复方法。如图 7-21 所示。

具体的服务恢复方法可以划分为两个层面：微服务实例和主机（服务器）。

在微服务实例层面：其主要适用于能够进行准确的故障定位的场景，要求能够将异常精确定位到某一个节点，且异常范围小。其主要的解决思路是通过一定的手段保持该服务节点的正常运行，所采用的恢复手段主要包括微重启、实例扩展、实例迁移等。

在主机层面：其主要适用于异常定位不精准、异常影响范围大的故障恢复场景。其主要的解决方案是，针对主机硬件异常导致的错误则进行主机重启，针对隔离良好的无状态组件则通过回滚（基于正常状态下保存的快照）进行恢复。

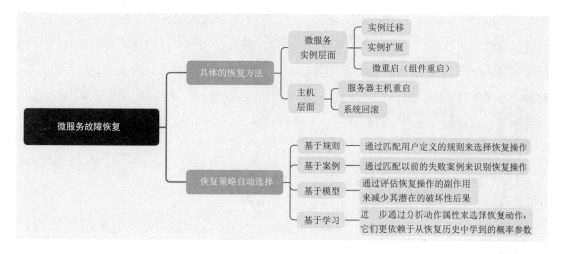

图 7-21　故障恢复

除了恢复方法的研究，自动恢复策略的选择对于有效地进行故障恢复也尤为重要，在大多数情况下，针对某个异常或故障通常有多种恢复策略可供选择，因此运维系统须评估不同策略的优劣，从而选取对系统影响最低且最有效的策略。目前自动恢复策略的选择也有四个思路：第一种方案是基于对当前系统的领域知识等先验信息，人为定义特定的规则，在恢复过程中通过匹配定义的具体规则来决定最终的恢复动作。第二种方案是基于历史案例信息来选择恢复动作，即基于系统先前的故障恢复案例，当系统发生故障时，通过查询符合当前故障类型的历史恢复案例，从而选择对应的恢复操作实现故障恢复。第三种方案则不需要使用历史数据，针对每一种恢复手段，选择许多不同的指标作为评价的输入，建立一个数学评价模型以预估不同恢复手段带来的影响，从而做出选择。第四种方案需要用到历史数据，通过使用大量系统恢复所保留的历史数据，以及强化学习等算法，学习在不同的状态下不同策略所产生的影响和收益，从而训练出一个能够进行自动最优策略选择的智能体，实现故障策略的智能推荐。

下面列出目前已有的一些故障恢复方案，供读者参考：

1）MicroRAS：MicroRAS 是一种基于模型的方法[140]，该方法可以适应微服务的频繁变化，而不需要故障的历史数据，并且可以通过评估恢复操作的副作用来减少其潜在的破坏性后果。其采用的故障恢复操作包括不采取任何措施、重启副本实例、迁移副本实例、向外扩展副本实例、按比例扩展副本实例、重启主机等。这种方法不需要历史故障数据，可以针对当前故障评估备选恢复方法，以资源利用率和重启时间为目标，选择最有效的方法。

2）MicroreBoot：MicroreBoot 采用一种名为微重启的故障恢复方法[141]，其具体操作时将细粒度应用程序组件进行单独重启。它可以实现许多与整个过程重新启动相同的好处，但速度要快一个数量级，损失的工作也要少一个数量级。总的来说，这是一种简单、实用、有效的用于管理大型、复杂软件系统的故障恢复方法。这种方法的缺点在于，故障在短时间内并不会被根除，而且十分依赖于异常检查和根因定位的准确性，一旦前一步出错，故障可能很难被解决。

3）Rollback-Recovery：此方法采用隔离良好的无状态组件[142]，将所有重要的应用程序状态保存在专门的状态存储中，避免了多米诺骨牌效应以及与回滚恢复相关的活锁问题。这种方法能够解决分布式系统中回滚同步的问题，但是实验验证只是基于特定情况，在正常生产环境中假设（回滚算法只由单个进程调用）很有可能不成立。

4）基于强化学习的故障恢复方法：将强化学习应用到自动恢复场景中[143]，可以从历史的故障场景和恢复策略进行学习，得到局部最优解。研究者提出了一种基于强化学习的自动寻找局部最优策略的新方法，并证明了该方法能够获得更好的恢复性能。它可以在没有人参与的情况下适应环境的变化。

7.6 本章小结

本章从运维过程中的服务监控、服务故障检测和报警、服务故障定位以及服务故障恢复四个方面介绍了面向微服务的智能运维的相关技术。首先简单回顾了运维技术的发展历史，介绍了传统运维技术所面临的挑战以及智能运维的总体技术框架。接下来介绍了服务日志和指标以及调用链数据监控和获取的相关技术工具。然后对运维中最为重要的故障定位技术进行了重点介绍，最后介绍了一些故障处理、调试以及故障恢复的方法，使读者能够对智能运维及其相关技术有一个较为全面的了解。

参 考 文 献

[1] SOLDANI J, TAMBURRI D A, VAN DEN HEUVEL W J. The pains and gains of microservices: A systematic grey literature review[J/OL]. Journal of systems and software, 2018, 146: 215-232. https://www.sciencedirect.com/science/article/pii/S0164121218302139.DOI:https://doi.org/10.1016/j.jss.2018.09.082.

[2] DANG Y, LIN Q, HUANG P. AIOps: real-world challenges and research innovations[C]// 2019 IEEE/ACM 41st International Conference on Software Engineering: Companion Proceedings (ICSE-Companion). IEEE, 2019: 4-5.

[3] Kubernetes 介绍 [EB/OL]. https://kubernetes.io/docs/concepts/.

[4] Consul 介绍 [EB/OL]. https://www.consul.io/docs.

[5] Linkerd 介绍 [EB/OL]. https://linkerd.io/2.11/overview/.

[6] Istio 介绍 [EB/OL]. https://istio.io/latest/docs/.

[7] Bookinfo 介绍 [EB/OL]. https://linkerd.io/2.11/overview/.

[8] MIKOLOV T, CHEN K, et al. Efficient estimation of word representations in vector space[C/OL]//BENGIO Y, LECUN Y. 1st International Conference on Learning Representations, ICLR 2013. http://arxiv.org/abs/1301.3781.

[9] FRIEDRICH F, MENDLING J, PUHLMANN F. Process model generation from natural language text[C]//International Conference on Advanced Information Systems Engineering. Springer, 2011: 482-496.

[10] CAI R, ZHU B, JI L, et al. An cnn-lstm attention approach to understanding user query intent from online health communities[C/OL]//2017 IEEE International Conference on Data Mining Workshops (ICDMW), New Orleans, LA, USA, 2017: 430-437. DOI: 10.1109/ICDMW.2017.62.

[11] SÀNCHEZ-FERRERES J, CARMONA J, PADRÓ L. Aligning textual and graphical descriptions of processes through ilp techniques[C]//International Conference on Advanced Information Systems Engineering. Springer, 2017: 413-427.

[12] Swagger 中文文档 [J/OL]. https://swagger.io/docs/specification/2-0/basic-structure/.

[13] SETTLES B. Active learning literature survey[J]. Science, 1995, 10(3):237-304.

[14] VAN ENGELEN J E, HOOS H H. A survey on semi-supervised learning[J]. Machine Learning, 2020, 109(2):373-440.

[15] PENG M, CAO B, CHEN J, et al. Sc-gat: Web services classification based on graph attention network[C]//International Conference on Collaborative Computing: Networking, Applications and Worksharing. Berliner: Springer, 2020: 513-529.

[16] 吕赛霞. Web 2.0 服务生态系统的挖掘与分析 [D]. 湘潭: 湖南科技大学, 2015.

[17] KANG G, LIU J, CAO B, et al. Nafm: neural and attentional factorization machine for web api recommendation[C]//2020 IEEE international conference on web services (ICWS). New York: IEEE, 2020: 330-337.

[18] KANG G, LIU J, CAO B, et al. Diversified qos-centric service recommendation for uncertain qos preferences[C]//2020 IEEE International Conference on Services Computing (SCC). New York: IEEE, 2020: 288-295.

[19] ZHANG J, LIU Q, XU K. Flowrecommender: a workflow recommendation technique for process provenance[C]//Proceedings of the 8th Australasian Data Mining Conference (AusDM 2009). ACS Press, 2009.

[20] CAO B, YIN J, DENG S E A. Graph-based workflow recommendation: On improving business process modeling[C]//Proceedings of the 21st ACM international conference on Information and knowledge management. Hawaii: ACM, 2012: 1527-1531.

[21] LI Y, CAO B, XU L, et al. An efficient recommendation method for improving business process modeling[J]. IEEE Transactions on Industrial Informatics, 2013, 10(1):502-513.

[22] YU X, WU W, LIAO X. Workflow recommendation based on graph embedding[C]//2020 IEEE World Congress on Services (SERVICES). Beijing: IEEE, 2020: 89-94.

[23] WANG D, CUI P, ZHU W. Structural deep network embedding[C]//Proceedings of the 22nd ACM SIGKDD international conference on Knowledge discovery and data mining. New York: ACM, 2016: 1225-1234.

[24] MNIH V, KAVUKCUOGLU K, SILVER D, et al. Human-level control through deep reinforcement learning[J]. Nature, 2015, 518(7540):529-533.

[25] BOOCH G, MAKSIMCHUK R A, ENGLE M W, et al. Object-oriented analysis and design with applications, third edition[J/OL]. ACM SIGSOFT Software. Engineering. Notes, 2008, 33(5). https://doi.org/10.1145/1402521.1413138.

[26] BASS L J, WEBER I M, ZHU L. SEI series in software engineering: Devops-A software architect's perspective[M/OL]. Addison-Wesley, 2015. http://bookshop.pearson.de/devops. html? productid=208463.

[27] MEYER M. Continuous integration and its tools[J/OL]. IEEE Software, 2014, 31(3):14-16. https://doi.org/10.1109/MS.2014.58.

[28] GitLab CI 官网 [EB/OL]. https://docs.gitlab.com/ee/ci/.

[29] Jenkins 官网 [EB/OL]. https://www.jenkins.io/.

[30] Travis CI 官网 [EB/OL]. https://travis-ci.org/.

[31] SonarQube 官网 [EB/OL]. https://sonarqube.org/.

[32] JQassistant 官网 [EB/OL]. https://jqassistant.org.

[33] ZHANG Y Q, ZHENG Z, JI X H, et al. Markov model-based effectiveness predicting for software fault localization[J]. Chinese Journal of Computers, 2013, 36(2):445-456.

[34] WEN W Z, BI-XIN L I, SUN X B, et al. Technique of software fault localization based on hierarchical slicing spectrum[J]. Journal of Software, 2013, 24(5):977-992.

[35] GOUES C L, NGUYEN T, FORREST S, et al. Genprog: a generic method for automatic software repair[J/OL]. IEEE Transactions Software Engineering, 2012, 38(1):54-72. https://doi.org/10. 1109/TSE.2011.104.

[36] Coala 官网 [EB/OL]. https://coala.io.

[37] LI Z, ZHOU Y. Pr-miner: automatically extracting implicit programming rules and detecting violations in large software code[C/OL]//WERMELINGER M, GALL H C. Proceedings of the 10th European Software Engineering Conference held jointly with 13th ACM SIGSOFT International Symposium on Foundations of Software Engineering. ACM, 2005: 306-315. https://doi.org/10.1145/ 1081706.1081755.

[38] ZHONG H, ZHANG L, XIE T, et al. Inferring specifications for resources from natural language API documentation[J/OL]. Automated Software Engineering, 2011, 18(3-4):227-261. https://doi.org/10.1007/s10515-011-0082-3.

[39] WANG S, CHOLLAK D, MOVSHOVITZ-ATTIAS D, et al. Bugram: bug detection with n-gram language models[C/OL]//LO D, APEL S, KHURSHID S. Proceedings of the 31st IEEE/ACM International Conference on Automated Software Engineering. ACM, 2016: 708-719. https://doi.org/10.1145/2970276. 2970341.

[40] WEN M, LIU Y, WU R, et al. Exposing library API misuses via mutation analysis [C/OL]//ATLEE J M, BULTAN T, WHITTLE J. Proceedings of the 41st International Conference on Software Engineering, ICSE. IEEE/ACM, 2019: 866-877. https://doi.org/10.1109/ ICSE.2019.00093.

[41] AMANN S, NGUYEN H A, NADI S, et al. A systematic evaluation of static api-misuse detectors[J/OL]. IEEE Transaction Software Engineering, 2019, 45(12):1170-1188. https://doi.org/10. 1109/TSE.2018.2827384.

[42] ALSHUQAYRAN N, ALI N, EVANS R. Towards micro service architecture recovery: an empirical study[C/OL]//IEEE International Conference on Software Architecture, ICSA. IEEE Computer Society, 2018: 47-56. https://doi.org/10.1109/ICSA.2018.00014.

[43] GRANCHELLI G, CARDARELLI M, FRANCESCO P D, et al. Microart: a software architecture recovery tool for maintaining microservice-based systems[C/OL]//2017 IEEE International Conference on Software Architecture Workshops, ICSA Workshops 2017. IEEE Computer Society, 2017: 298-302. https: //doi.org/10.1109/ICSAW. 2017.9.

[44] Fixing your microservices architecture using graph analysis[EB/OL]. https://neo4j.com/blog/fixing-microservices-architecture-graphconnect/.

[45] SOLDANI J, TAMBURRI D A, VAN DEN HEUVEL W J. The pains and gains of microservices: A systematic grey literature review[J]. Journal of Systems and Software, 2018, 146:215-232.

[46] ZHAO P. Case studies of a machine learning process for improving the accuracy of static analysis tools[D]. Waterloo: University of Waterloo, 2016.

[47] REYNOLDS Z P, JAYANTH A B, KOC U, et al. Identifying and documenting false positive patterns generated by static code analysis tools[C/OL]//4th IEEE/ACM International Workshop on Software Engineering Research and Industrial Practice, SER&IP@ICSE 2017. IEEE, 2017: 55-61. https://doi.org/10. 1109/SER-IP.2017..20.

[48] KOC U, SAADATPANAH P, FOSTER J S, et al. Learning a classifier for false positive error reports emitted by static code analysis tools[C/OL]//SHPEISMAN T, GOTTSCHLICH J. Proceedings of the 1st ACM SIGPLAN International Workshop on Machine Learning and Programming Languages, MAPL@PLDI 2017. ACM, 2017: 35-42. https://doi.org/10.1145/3088525.3088675.

[49] HUMBLE J, FARLEY D. Continuous delivery: reliable software releases through build, test, and deployment automation[M]. New York: Pearson Education, 2010.

[50] ARACHCHI S, PERERA I. Continuous integration and continuous delivery pipeline automation for agile software project management[C]//2018 Moratuwa Engineering Research Conference (MERCon). IEEE, 2018: 156-161.

[51] BEETZ F, HARRER S. Gitops: the evolution of devops[J]. IEEE Software, 2021.

[52] Helm 官网 [EB/OL]. https://helm.sh/zh/docs/.

[53] Kustomize 官网 [EB/OL]. https://kubectl.docs.kubernetes.io/guides/introduction/kustomize/.

[54] ArgoCD 官网 [EB/OL]. https://argo-cd.readthedocs.io/en/stable/.

[55] KORHONEN M. Gitops tool argo cd in service management: Case: Conduit[Z]. Jyvaskylan ammattikorkeakoulu University of Applied Sciences, 2021.

[56] D'AMORE M. Gitops and argocd: continuous deployment and maintenance of a full stack application in a hybrid cloud kubernetes environment[D]. Turin: Politecnico di Torino, 2021.

[57] Flagger 官网 [EB/OL]. https://docs.flagger.app/.

[58] TOSLALI M, PARTHASARATHY S, OLIVEIRA F, et al. JACKPOT: Online experimenta-

tion of cloud microservices[C]//12th USENIX Workshop on Hot Topics in Cloud Computing (HotCloud 20). 2020.

[59] KAABI J, HARRATH Y. A survey of parallel machine scheduling under availability constraints[J/OL]. International Journal of Computer and Information Technology, 2014, 3(2):238-245. DOI: 10.1.1.428.5149.

[60] XI S, XU M, LU C, et al. Real-time multi-core virtual machine scheduling in xen[C/OL]// 2014 International Conference on Embedded Software (EMSOFT). Uttar Pradesh: IEEE, 2014: 1-10. DOI: 10.1145/2656045.2656061.

[61] KIM H, LIM H, JEONG J, et al. Task-aware virtual machine scheduling for i/o performance.[C/OL]//Proceedings of the 2009 ACM SIGPLAN/SIGOPS international conference on Virtual execution environments, Washington DC, USA, 2009: 101-110. DOI:10.1145/1508293. 1508308.

[62] LIU B, LI P, LIN W, et al. A new container scheduling algorithm based on multiobjective optimization[J/OL]. Soft Computing, 2018, 22(23):7741-7752. DOI:10.1007/s00500-018-3403-7.

[63] GUTIERREZ F. Spring boot, simplifying everything[M/OL]//Introducing Spring Framework. Springer, 2014: 263-276. DOI: 10.1007/978-1-4302-6533-7_19.

[64] 吕元琛. 容器云环境下容器调度策略的研究与实现 [D]. 大连: 大连理工大学, 2020.

[65] BALDINI I, CASTRO P, CHANG K, et al. Serverless computing: Current trends and open problems[M/OL]//Research advances in cloud computing. Springer, 2017: 1-20. DOI: 10.1007/978-981-10-5026-8_1.

[66] SCHLEIER-SMITH J, SREEKANTI V, KHANDELWAL A, et al. What serverless computing is and should become: the next phase of cloud computing[J]. Communications of the ACM, 2021, 64(5):76-84.

[67] GANNON D, BARGA R, SUNDARESAN N. Cloud-native applications[J/OL]. IEEE Cloud Computing, 2017, 4(5):16-21. DOI: 10.1109/MCC.2017.4250939.

[68] 吕康. 云环境下基于 Berger 模型的任务调度算法研究 [D]. 重庆: 重庆大学, 2015.

[69] 张宇明. 面向边缘计算的智慧标识网络资源协同与适配机制研究 [D]. 北京: 北京交通大学, 2021.

[70] RASLEY J, KARANASOS K, KANDULA S, et al. Efficient queue management for cluster scheduling[C]//Proceedings of the Eleventh European Conference on Computer Systems. 2016: 1-15.

[71] RASLEY J, KARANASOS K, KANDULA S, et al. Efficient queue management for cluster scheduling[C/OL]//EuroSys'16: Proceedings of the Eleventh European Conference on Computer Systems. New York: Association for Computing Machinery, 2016: 1-15. https://doi.org/10.1145/2901318.2901354.

[72] TOSIRISUK P, CHANDRA J. Multiple finite source queueing model with dynamic priority scheduling[J]. Naval Research Logistics (NRL), 1990, 37(3):365-381.

[73] SON J, DASTJERDI A V, CALHEIROS R N, et al. Cloudsimsdn: modeling and simulation of software-defined cloud data centers[C/OL]//2015 15th IEEE/ACM International Symposium on Cluster, Cloud and Grid Computing. IEEE, 2015: 475-484. DOI: 10.1109/CCGrid.2015.87.

[74] SINGH J, GUPTA D. An smarter multi queue job scheduling policy for cloud computing [J]. International Journal of Applied Engineering Research, 2017, 12(9):1929-1934.

[75] KLANŠEK U. Mixed-integer nonlinear programming model for nonlinear discrete optimization of project schedules under restricted costs[J]. Journal of construction engineering and management, 2016, 142(3):04015088.

[76] GOG I, SCHWARZKOPF M, GLEAVE A, et al. Firmament: fast, centralized cluster scheduling at scale[C]//12th USENIX Symposium on Operating Systems Design and Implementation (OSDI 16). 2016: 99-115.

[77] ISARD M, PRABHAKARAN V, CURREY J, et al. Quincy: fair scheduling for distributed computing clusters[C]//Proceedings of the ACM SIGOPS 22nd symposium on Operating systems principles. 2009: 261-276.

[78] ISARD M, PRABHAKARAN V, CURREY J, et al. Quincy: fair scheduling for distributed computing clusters[C]//Proceedings of the ACM SIGOPS 22nd symposium on Operating systems principles. Savannah, 2009: 261-276.

[79] SUTTON R S, BARTO A G. Reinforcement learning: an introduction[M]. Cambridge: MIT press, 2018.

[80] RJOUB G, BENTAHAR J, WAHAB O A, et al. Deep smart scheduling: a deep learning approach for automated big data scheduling over the cloud[C]//2019 7th International Conference on Future Internet of Things and Cloud (FiCloud). IEEE, 2019: 189-196.

[81] SUTTON R S, BARTO A G. Reinforcement learning: an introduction[M]. Cambridge: MIT press, 2018: 8-13.

[82] ORHEAN A I, POP F, RAICU I. New scheduling approach using reinforcement learning for heterogeneous distributed systems[J]. Journal of Parallel and Distributed Computing, 2018, 117:292-302.

[83] MAHAJAN K, BALASUBRAMANIAN A, SINGHVI A, et al. Themis: fair and efficient GPU cluster scheduling[C/OL]//17th USENIX Symposium on Networked Systems Design and Implementation (NSDI 20). Santa Clara: USENIX Association, 2020: 289-304. https://www.usenix.org/conference/nsdi20/presentation/mahajan.

[84] GHODSI A, ZAHARIA M, HINDMAN B, et al. Dominant resource fairness: fair allocation

of multiple resource types[C]//8th USENIX Symposium on Networked Systems Design and Implementation (NSDI 11). 2011.

[85] GU J, CHOWDHURY M, SHIN K G, et al. Tiresias: A GPU cluster manager for distributed deep learning[C/OL]//16th USENIX Symposium on Networked Systems Design and Implementation (NSDI 19). Boston: USENIX Association, 2019: 485-500. https://www.usenix.org/conference/nsdi19/presentation/gu.

[86] GHANBARI S, OTHMAN M. A priority based job scheduling algorithm in cloud computing[J]. Procedia Engineering, 2012, 50:778-785.

[87] GAREFALAKIS P, KARANASOS K, PIETZUCH P, et al. Medea: scheduling of long running applications in shared production clusters[C]//Proceedings of the thirteenth EuroSys conference. 2018: 1-13.

[88] Medea: Scheduling of long running applications in shared production clusters[C/OL]//EuroSys'18: Proceedings of the Thirteenth EuroSys Conference. https://doi.org/10.1145/ 3190508.3190549.

[89] WU X, DENG M, ZHANG R, et al. A task scheduling algorithm based on qos-driven in cloud computing[J]. Procedia Computer Science, 2013, 17:1162-1169.

[90] GITTINS J, GLAZEBROOK K, WEBER R. Multi-armed bandit allocation indices[M]. Hoboken: John Wiley & Sons, 2011.

[91] YEUNG G, BOROWIEC D, YANG R, et al. Horus: interference-aware and predictionbased scheduling in deep learning systems[J]. IEEE Transactions on Parallel and Distributed Systems, 2021, 33(1):88-100.

[92] QIN Y, ZHANG L, XU F, et al. Interference and topology-aware vm live migrations in software-defined networks[C]//2019 IEEE 21st International Conference on High Performance Computing and Communications; IEEE 17th International Conference on Smart City; IEEE 5th International Conference on Data Science and Systems (HPCC/SmartCity/ DSS). IEEE, 2019: 1068-1075.

[93] HANEMANN A, SAILER M. A framework for service quality assurance using event correlation techniques[C]//Advanced Industrial Conference on Telecommunications/Service Assurance with Partial and Intermittent Resources Conference/E-Learning on Telecommunications Workshop (AICT/SAPIR/ELETE'05). IEEE, 2005: 428-433.

[94] YI X, LUO Z, MENG C, et al. Fast training of deep learning models over multiple gpus [C]//Proceedings of the 21st International Middleware Conference. 2020: 105-118.

[95] YI X, LUO Z, MENG C, et al. Fast training of deep learning models over multiple gpus [C/OL]//Middleware'20: Proceedings of the 21st International Middleware Conference. https://doi.org/10.1145/3423211.3425675.

[96] SUNGHEETHA A, SHARMA R. Service quality assurance in cloud data centers using migration scaling[J]. Journal of Information Technology, 2020, 2(1): 53-63.

[97] NA C, YANG Y, MISHRA A. An optimal gts scheduling algorithm for time-sensitive transactions in IEEE 802.15. 4 networks[J]. Computer Networks, 2008, 52(13):2543-2557.

[98] DELGADO P, DIDONA D, DINU F, et al. Kairos: preemptive data center scheduling without runtime estimates[C]//Proceedings of the ACM Symposium on Cloud Computing. 2018: 135-148.

[99] DELGADO P, DIDONA D, DINU F, et al. Kairos: preemptive data center scheduling without runtime estimates[C/OL]//SoCC'18: Proceedings of the ACM Symposium on Cloud Computing. https://doi.org/10.1145/3267809.3267838.

[100] LE T N, SUN X, CHOWDHURY M, et al. Allox: Compute allocation in hybrid clusters [C/OL]//EuroSys'20: Proceedings of the Fifteenth European Conference on Computer Systems. https://doi. org/10.1145/3342195.3387547.

[101] YU P, CHOWDHURY M. Salus: fine-grained GPU sharing primitives for deep learning applications[J/OL]. http://arxiv.org/abs/1902.0461v/.

[102] GRANDL R, ANANTHANARAYANAN G, KANDULA S, et al. Multi-resource packing for cluster schedulers[J]. ACM SIGCOMM Computer Communication Review, 2014, 44 (4):455-466.

[103] JIN T, CAI Z, LI B, et al. Improving resource utilization by timely fine-grained scheduling [C]//Proceedings of the Fifteenth European Conference on Computer Systems. 2020: 1-16.

[104] 李孜颖, 石振国. 面向大数据任务的调度方法 [J]. 计算机应用, 2020, 40(10):2923.

[105] CARREIRA J, FONSECA P, TUMANOV A, et al. A case for serverless machine learning [C]//Workshop on Systems for ML and Open Source Software at NeurIPS: volume 2018.

[106] NARAYANAN D, SANTHANAM K, KAZHAMIAKA F, et al. Heterogeneity-Aware cluster scheduling policies for deep learning workloads[C]//14th USENIX Symposium on Operating Systems Design and Implementation (OSDI 20). 2020: 481-498.

[107] SIVATHANU M, CHUGH T, SINGAPURAM S S, et al. Astra: exploiting predictability to optimize deep learning[C]//Proceedings of the Twenty-Fourth International Conference on Architectural Support for Programming Languages and Operating Systems. 2019: 909-923.

[108] SHARMA P, ALI-ELDIN A, SHENOY P. Resource deflation: a new approach for transient resource reclamation[C]//Proceedings of the Fourteenth EuroSys Conference. 2019: 1-17.

[109] BURNS B, GRANT B, OPPENHEIMER D, et al. Borg, omega, and kubernetes[J/OL]. Communications of the ACM, 2016, 59(5):50-57. https://doi.org/10.1145/2890784.

[110] BOUTIN E, EKANAYAKE J, LIN W, et al. Apollo: scalable and coordinated scheduling for

Cloud-Scale computing[C]//11th USENIX Symposium on Operating Systems Design and Implementation (OSDI 14). 2014: 285-300.

[111] OUSTERHOUT K, WENDELL P, ZAHARIA M, et al. Sparrow: distributed, low latency scheduling[C]//Proceedings of the Twenty-Fourth ACM Symposium on Operating Systems Principles. 2013: 69-84.

[112] DELIMITROU C, SANCHEZ D, KOZYRAKIS C. Tarcil: reconciling scheduling speed and quality in large shared clusters[C]//Proceedings of the Sixth ACM Symposium on Cloud Computing. 2015: 97-110.

[113] KARANASOS K, RAO S, CURINO C, et al. Mercury: hybrid centralized and distributed scheduling in large shared clusters[C]//2015 USENIX Annual Technical Conference (USENIX ATC 15). 2015: 485-497.

[114] DELGADO P, DINU F, KERMARREC A M, et al. Hawk: hybrid datacenter scheduling [C]//2015 USENIX Annual Technical Conference (USENIX ATC 15). 2015: 499-510.

[115] WANG Z, LI H, LI Z, et al. Pigeon: an effective distributed, hierarchical datacenter job scheduler[C]//Proceedings of the ACM Symposium on Cloud Computing. 2019: 246-258.

[116] ZHANG Z, LI C, TAO Y, et al. Fuxi: a fault-tolerant resource management and job scheduling system at internet scale[C/OL]//VLDB Endowment, 2014, 7: 1393-1404. https://doi.org/10.14778/2733004.2733012.

[117] MORITZ P, NISHIHARA R, WANG S, et al. Ray: a distributed framework for emerging AI applications[C]//13th USENIX Symposium on Operating Systems Design and Implementation (OSDI 18). 2018: 561-577.

[118] prometheus 介绍 [EB/OL]. https://prometheus.io/docs/introduction/overview/.

[119] SIGELMAN B H, BARROSO L A, BURROWS M, et al. Dapper, a large-scale distributed systems tracing infrastructure[R/OL]. Google, Inc., 2010. https://research.google.com/archive/papers/dapper-2010-1.pdf.

[120] HE P, ZHU J, ZHENG Z, et al. Drain: an online log parsing approach with fixed depth tree[C]//2017 IEEE International Conference on Web Services, ICWS 2017. IEEE, 2017: 33-40.

[121] DU M, LI F, ZHENG G, et al. Deeplog: anomaly detection and diagnosis from system logs through deep learning[C]//Proceedings of the 2017 ACM SIGSAC Conference on Computer and Communications Security, CCS 2017. ACM, 2017: 1285-1298.

[122] MENG W, LIU Y, ZHU Y, et al. Loganomaly: Unsupervised detection of sequential and quantitative anomalies in unstructured logs[C]//Proceedings of the Twenty-Eighth International Joint Conference on Artificial Intelligence, IJCAI 2019. 2019: 4739-4745.

[123] NGUYEN K A, SCHULTE IM WALDE S, VU N T. Integrating distributional lexical contrast

into word embeddings for antonym-synonym distinction[C]//Proceedings of the 54th Annual Meeting of the Association for Computational Linguistics (Volume 2: Short Papers). Berlin, Germany: Association for Computational Linguistics, 2016: 454-459.

[124] MENG W, LIU Y, HUANG Y, et al. A semantic-aware representation framework for online log analysis[C]//29th International Conference on Computer Communications and Networks, ICCCN 2020. IEEE, 2020: 1-7.

[125] KüFFNER K F R, ZIMMER R. Relex‐relation extraction using dependency parse trees[J]. Bioinformatics, 2007, 23(3):365-371.

[126] PINTER Y, GUTHRIE R, EISENSTEIN J. Mimicking word embeddings using subword RNNs[C]//Proceedings of the 2017 Conference on Empirical Methods in Natural Language Processing. Copenhagen, Denmark: Association for Computational Linguistics, 2017: 102-112.

[127] BOX G E P, PIERCE D A. Distribution of residual autocorrelations in autoregressiveintegrated moving average time series models[J]. Journal of the American Statistical Association, 1970, 65(332):1509-1526.

[128] CLIFFORD, M., HURVICH, et al. Regression and time series model selection in small samples[J]. Biometrika, 1989, 76(2):297-307.

[129] LEE S, FAMBRO D, LEE S, et al. Application of subset autoregressive integrated moving average model for short-term freeway traffic volume forecasting[J]. Transportation Research Record Journal of the Transportation Research Board, 1999, 1678(1):179-188.

[130] PANTULA S G, HALL A. Testing for unit roots in autoregressive moving average models: An instrumental variable approach[J]. Journal of Econometrics, 1991, 48(3):325-353.

[131] MIKOLOV T, KOMBRINK S, BURGET L, et al. Extensions of recurrent neural network language model[C]//IEEE International Conference on Acoustics, Speech Signal Processing. IEEE, 2011: 5528-5531.

[132] GERS F A, SCHMIDHUBER J, CUMMINS F. Learning to forget: Continual prediction with lstm[J]. Neural computation, 2000, 12(10): 2451-2471.

[133] WANG Y, HUANG M, ZHU X, et al. Attention-based LSTM for aspect-level sentiment classification[C]//Proceedings of the 2016 Conference on Empirical Methods in Natural Language Processing. Austin: Association for Computational Linguistics, 2016: 606-615.

[134] VASWANI A, SHAZEER N, PARMAR N, et al. Attention is all you need[C]//Advances in Neural Information Processing Systems: volume 30. Curran Associates, Inc., 2017.

[135] SUN Y, ZHAO Y, SU Y, et al. Hotspot: anomaly localization for additive KPIs with multi-dimensional attributes[J]. IEEE Access, 2018, 6: 10909-10923.

[136] LI Z, PEI D, LUO C, et al. Generic and robust localization of multi-dimensional root

causes[C]//2019 IEEE 30th International Symposium on Software Reliability Engineering (IS-SRE). IEEE, 2019: 47-57.

[137] BHAGWAN R, KUMAR R, RAMJEE R, et al. Adtributor: revenue debugging in advertising systems[C]//Symposium on Networked Systems Design and Implemenentation (NSDI). USENIX Association, 2014: 43-55.

[138] WU L, TORDSSON J, ELMROTH E, et al. Microrca: root cause localization of performance issues in microservices[C]//NOMS 2020 - IEEE/IFIP Network Operations and Management Symposium. IEEE, 2020: 1-9.

[139] HAMILTON W, YING Z, LESKOVEC J. [C]//Advances in Neural Information Processing Systems. Curran Associates, Inc., 2017.

[140] LI W, TORDSSON J, ACKER A, et al. Microras: automatic recovery in the absence of historical failure data for microservice systems[C]//13th IEEE/ACM International Conference on Utility and Cloud Computing, UCC 2020. IEEE, 2020: 227-236.

[141] CANDEA G, KAWAMOTO S, FUJIKI Y, et al. Microreboot—a technique for cheap recovery[C]//6th Symposium on Operating System Design and Implementation (OSDI 2004), San Francisco, California, USA, December 6-8, 2004. USENIX Association, 2004: 31-44.

[142] KOO R, TOUEG S. Checkpointing and rollback-recovery for distributed systems[J]. IEEE Transactions on Software Engineering, 1987, 13(1): 23-31.

[143] ZHU Q, YUAN C. A reinforcement learning approach to automatic error recovery[C]//The 37th Annual IEEE/IFIP International Conference on Dependable Systems and Networks, DSN 2007, 25-28 June 2007, Edinburgh, UK, Proceedings. IEEE Computer Society, 2007: 729-738.

[144] RICHARDSON C. Microservices patterns: with examples in Java[M]. New York: Manning, 2018.